新时代
技术
新未来

AI大模型

赋能通信产业

曾 捷 杨一帆 粟 欣
吕铁军 钟 怡 袁 昕　著

清華大学出版社
北 京

内 容 简 介

近年来，随着人工智能技术的发展，以 ChatGPT 为代表的 GPT 大模型展现了强大的内容理解和生成能力，引起了各行各业的广泛关注，也为通信行业带来了新的机遇和挑战。本书以 GPT 发展历程为基础，介绍了 GPT 赋能通信业的具体应用，探讨了"GPT+通信"融合发展的未来趋势及所面临的问题，最后提出了相应的发展建议。

通过阅读本书，读者可以了解 GPT 大模型的相关知识，并将其应用于通信行业。本书适合信息通信专业的技术人员和管理人员阅读，也可作为高等院校通信、电子、计算机、自动化、网络空间安全等专业硕士、博士研究生的参考书。

图书在版编目（CIP）数据

AI 大模型：赋能通信产业 / 曾捷等著. -- 北京：清华大学出版社，2025.4.
(新时代·技术新未来). --ISBN 978-7-302-68974-4
Ⅰ. TN91
中国国家版本馆 CIP 数据核字第 202552A9B6 号

责任编辑：刘　洋
封面设计：徐　超
版式设计：张　姿
责任校对：王荣静
责任印制：杨　艳

出版发行：清华大学出版社
　　　　　网　　　址：https://www.tup.com.cn，https://www.wqxuetang.com
　　　　　地　　　址：北京清华大学学研大厦 A 座　　　邮　　编：100084
　　　　　社 总 机：010-83470000　　　　　　　　　邮　　购：010-62786544
　　　　　投稿与读者服务：010-62776969，c-service@tup.tsinghua.edu.cn
　　　　　质 量 反 馈：010-62772015，zhiliang@tup.tsinghua.edu.cn
印 装 者：大厂回族自治县彩虹印刷有限公司
经　　销：全国新华书店
开　　本：187mm×235mm　　　印　张：13　　　字　数：241 千字
版　　次：2025 年 6 月第 1 版　　　　　　印　次：2025 年 6 月第 1 次印刷
定　　价：88.00 元

产品编号：105988-01

本书编委会

—— 主　编 ——

曾捷、杨一帆、杨铮

—— 副 主 编 ——

王紫如、张雨婷、徐晨、但玉然、白朕铭

—— 全书绘图 ——

张诗语、杨一帆

—— 参编人员 ——

- 北京理工大学：曾捷、杨一帆、钟怡、杨铮、王紫如、张雨婷、程波铭、徐晨、但玉然、白朕铭、刘勇懿、刘思杨、肖瑞欣、王琛红、杨圣辉、刘兆钰、黎华清、程雯楚、王佳乐、叶能、朱超、于珊平
- 清华大学：粟欣、李云洲、刘蓓、谭志强
- 北京邮电大学：吕铁军、张诗语、王鲁晗、路兆铭、黄平牧、崔莹萍、喻茜、王梦珂、何晓宇、牛海文、李秉轩
- 悉尼科技大学：袁昕
- 中山大学：陈翔、王玺钧、郭志恒
- 西安交通大学：范建存、陶梦丽
- 西安电子科技大学：任智源、赵佳昊
- 桂林电子科技大学：李晓欢
- 中国科学院计算技术研究所：田霖、孙茜
- 中移智库：邓灵莉、马梦媛、何克光
- 中国电信：郭建章、李振、张劲松、王栋
- 中国联通：黄蓉、刘珊、周伟

·紫光展锐：苗润泉
·中信科移动：程志密
·鹏城实验室：杨婷婷、宁嘉鸿、郑孟帆、张平
·上海交通大学：吴泳澎
·维沃移动通信有限公司（vivo）：袁雁南、周通、姜大洁
·图灵人工智能研究院：李强
·深圳清华大学研究院、清华大学深圳国际研究生院：郑斯辉

随着信息技术的快速迭代和人工智能（Artificial Intelligence，AI）的飞速发展，各行各业都在积极探索 AI 应用，全球通信行业也正迎来前所未有的变革。在这一浪潮中，以 ChatGPT 为代表的 GPT 大模型脱颖而出，成为推动通信行业数字化转型的重要力量。GPT 大模型凭借其卓越的语言处理和生成能力，分析、理解通信行业中需要处理的海量繁杂数据，生成高度智能化的内容。这不仅加速了传统通信行业的智能升级，也催生了新型商业模式和多元化创新应用。

本书以 GPT 发展历程为基础，介绍了 GPT 赋能通信行业的具体应用，探讨了"GPT+ 通信"融合发展的未来趋势及所面临的显著问题，最后提出了相应的发展建议。第 1 章阐述了 GPT 大模型的基本概念及发展历程。第 2、3 章探讨了 GPT 赋能通信的崭新应用和对通信网络智能自治的促进作用。第 4、5 章对未来通信网络和边缘智能支持 GPT 泛在应用进行了研究。第 6 章对 GPT 和通信的协同发展过程进行了全面的梳理。第 7 章指出了 GPT 与通信融合发展中面临的显著问题。最后，第 8 章提出了发展建议和对未来的展望。

在此特别感谢积极参与本书编写和校对工作的各位同事和同学，特别是杨铮、张诗语、王紫如、张雨婷、程波铭、但玉然、徐晨、白朕铭、肖瑞欣、何晓宇、刘思杨、袁雁南、马梦媛、王筱诗、刘娴婧等。同时，本书在撰写过程中，国内外 AI 与通信领域多位顶尖教授和专家提出了宝贵意见和建议，包括姚彦、易芝玲、卜祥元、李云洲、李忻等，在此一并感谢。

非常感谢国家重点研发计划（编号：2024YFE0200300）、国家自然科学基金（编号：62371039）和北京理工大学青年教师学术启动计划对本书的资助。

最后，衷心感谢家人、同事和同学们对作者工作的理解和大力支持。

作者

第1章 ChatGPT与GPT的发展 ································001

　1.1　ChatGPT开启人工智能新时代 ·················· 002

　　1.1.1　ChatGPT基本概念 ····················· 002

　　1.1.2　ChatGPT技术体系 ····················· 003

　　1.1.3　ChatGPT典型应用 ····················· 009

　1.2　GPT引领人工智能发展热潮 ·················· 015

　　1.2.1　GPT：生成式预训练转换器 ············· 015

　　1.2.2　Transformer架构 ····················· 016

　　1.2.3　GPT发展历程 ························· 021

　1.3　大模型 ································· 023

　　1.3.1　大模型概述 ························· 023

　　1.3.2　大模型研究现状 ····················· 025

　　1.3.3　典型的大模型 ······················· 029

　1.4　本章小结 ······························· 034

　参考文献 ································· 034

第2章 GPT催生通信新应用与新变革 ·················037

　2.1　GPT赋能多元化通信新应用 ·················· 038

　2.2　智能客服 ······························· 039

　　2.2.1　传统智能客服面临的挑战 ·············· 040

2.2.2 增强语义理解与情感识别 ···················· 041

2.2.3 增强跨渠道整合与统一管理 ················ 041

2.3 自动化仿真 ·· 042

2.3.1 重构实验流程 ··································· 043

2.3.2 模拟参数分析 ··································· 044

2.3.3 实现智能编程 ··································· 045

2.4 重塑芯片设计领域 ····································· 046

2.4.1 优化设计流程 ··································· 047

2.4.2 辅助自动设计 ··································· 048

2.4.3 提高验证效率 ··································· 050

2.5 增强语义通信 ·· 051

2.5.1 提高SemCom训练效率 ····················· 052

2.5.2 增强语义上下文推理 ··························· 053

2.5.3 提升频谱资源利用率 ··························· 054

2.5.4 推动智能通信的广泛应用 ····················· 054

2.6 本章小结 ·· 057

参考文献 ··· 058

第3章 GPT促进通信网络智能自治 ···················· 061

3.1 通信网络智能自治 ····································· 062

3.2 GPT重塑网络规划 ····································· 064

3.2.1 无线网络规划 ··································· 064

3.2.2 基站选址及天线优化 ··························· 066

3.2.3 基于意图的网络规划 ··························· 068

3.3 GPT增强切片部署 ····································· 070

3.3.1 网络切片技术 ··································· 070

3.3.2 未来网络智能切片 ······························ 073

3.4 GPT简化网络运维 ····································· 077

3.4.1　异常检测 ·· 078

3.4.2　故障诊断 ·· 079

3.4.3　事件预警 ·· 081

3.4.4　智能决策 ·· 083

3.5　GPT加速网络优化 ·· 085

3.5.1　网络流量优化 ··· 085

3.5.2　无线网络覆盖优化 ·· 087

3.5.3　网络信令追踪 ··· 088

3.6　本章小结 ·· 090

参考文献 ·· 090

第4章　未来网络对GPT应用的支撑和优化 ···················· 093

4.1　万物智联时代GPT的定位 ··· 094

4.2　未来网络设计的典型思路和方案 ······························ 097

4.2.1　云原生 ·· 099

4.2.2　无线技术新体系 ··· 101

4.3　未来网络支持GPT能力下沉 ······································ 102

4.3.1　自适应切片 ·· 103

4.3.2　分布式学习 ·· 104

4.4　本章小结 ·· 105

参考文献 ·· 106

第5章　支持GPT应用的边缘智能 ································· 109

5.1　边缘智能概述 ·· 110

5.1.1　概念演进 ·· 110

5.1.2　关键特征 ·· 113

5.1.3　研究进展 ·· 116

5.2　GPT在边缘智能部署的典型应用 ······························· 117

5.2.1　智能网联车 ··· 117

5.2.2　智慧工厂 ··· 120

5.2.3　智慧社区 ··· 121

5.2.4　智慧医院 ··· 123

5.3　GPT在边缘部署时对网络KPI的需求 ····················· 125

5.4　本章小结 ··· 128

参考文献 ··· 128

第6章　GPT与通信协同发展 ······························· 131

6.1　GPT与通信松耦合发展 ····································· 132

6.1.1　独立演进 ··· 132

6.1.2　前沿交叉 ··· 133

6.2　GPT与通信紧耦合发展 ····································· 134

6.2.1　协同演进 ··· 134

6.2.2　深度耦合 ··· 138

6.3　GPT与通信融合发展 ·· 142

6.3.1　融合演进 ··· 142

6.3.2　紧密结合 ··· 146

6.4　本章小结 ··· 153

参考文献 ··· 154

第7章　GPT与通信融合发展面临的问题 ··············· 159

7.1　通信高质量训练数据稀缺，专用模型准确性和泛化性差 ···· 160

7.2　端侧算力及硬件资源不足，大模型轻量化部署难 ··········· 163

7.3　云边端异构网络高效协同难，大模型性能稳定性差 ········· 166

7.4　服务器互联存在带宽瓶颈，训练时间长推理效率低 ········· 170

7.5　大模型相关法律法规滞后，安全隐私与道德伦理风险高 ···· 172

7.6　本章小结 ··· 175

参考文献 ·· 176

第8章 发展建议与未来展望 ·································· 179

8.1 发展建议 ·· 180

    8.1.1 加快AI算力建设，提供基础设施支撑 ·············· 180

    8.1.2 加强校企联合培养，填补创新人才空缺 ·············· 182

    8.1.3 加速制定相关政策，建立产业标准体系 ·············· 184

8.2 未来展望 ·· 188

    8.2.1 核心技术实现突破，关键能力显著增强 ·············· 188

    8.2.2 体系建设日益完善，数字经济快速发展 ·············· 190

    8.2.3 应用场景不断拓展，循序渐进融合共生 ·············· 192

8.3 本章小结 ·· 194

参考文献 ·· 195

第 1 章

ChatGPT 与 GPT 的发展

随着科技的不断发展，过去科幻作品中强大的人工智能（Artificial Intelligence，AI）正在逐步变为现实，AI大模型也进入了人们的视野，其中最值得注意的就是 ChatGPT。作为人工智能生成内容（Artificial Intelligence Generated Content，AIGC）在自然语言处理（Natural Language Processing，NLP）领域的代表，它在文本创作、人机交互和科学研究等各个方面都展示了强大的语言理解和生成能力，引起了工业界和学术界的广泛关注。

ChatGPT、GPT 和大模型是什么？它们有什么样的关系？又应该如何理解和应用呢？本章将从 ChatGPT 出发，介绍其基本概念、技术体系和典型应用，到 GPT 的模型架构和发展历程，再到大模型及其研究现状，以便读者对 GPT 和大语言模型的整体概念和关系有全面和深入的了解。

1.1 ChatGPT开启人工智能新时代

1.1.1 ChatGPT 基本概念

2022 年 11 月 30 日，OpenAI 公司正式发布人工智能聊天机器人 ChatGPT，上线仅两个月其活跃用户数就破亿，成为历史上增长最快的消费者应用程序[1]。它强大的功能改变了许多人的工作和生活方式，在全世界掀起了 AI 新浪潮。ChatGPT 不仅展示了技术的进步，更开启了新的交互模式，使机器人与人类之间的对话变得前所未有的流畅和实用。如图 1-1 所示，ChatGPT 能够像人类一样自然地回答问题并进行自我介绍。

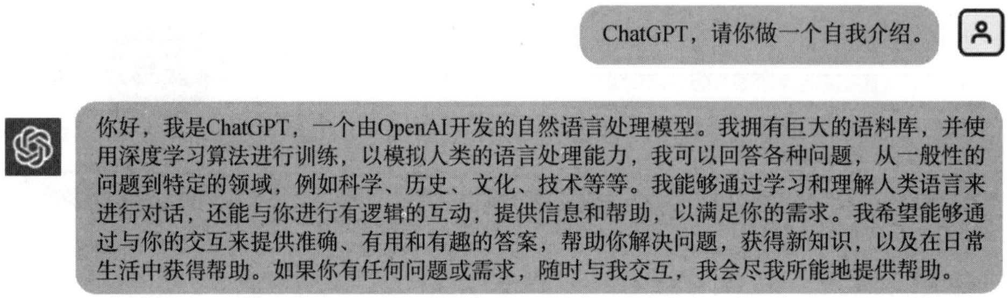

ChatGPT，请你做一个自我介绍。

 你好，我是ChatGPT，一个由OpenAI开发的自然语言处理模型。我拥有巨大的语料库，并使用深度学习算法进行训练，以模拟人类的语言处理能力，我可以回答各种问题，从一般性的问题到特定的领域，例如科学、历史、文化、技术等等。我能够通过学习和理解人类语言来进行对话，还能与你进行有逻辑的互动，提供信息和帮助，以满足你的需求。我希望能够通过与你的交互来提供准确、有用和有趣的答案，帮助你解决问题，获得新知识，以及在日常生活中获得帮助。如果你有任何问题或需求，随时与我交互，我会尽我所能地提供帮助。

图1-1　ChatGPT的自我介绍

作为 ChatGPT 的开发者，OpenAI 是一家颇具影响力的人工智能研究机构。OpenAI 总部位于旧金山，由特斯拉的马斯克、Sam Altman 及其他投资者在 2015 年共同创立，目标是开发造福全人类的 AI 技术[2]。它在自然语言处理、机器学习、计算机视觉等领域均有突出贡献，GPT 系列模型是其核心研究成果。这一系列模型因其出色的内容生成能力被部署于多种应用之中，给人们的生活带来了极大的改变。

ChatGPT 是一种基于 Transformer 架构的深度学习模型。Transformer 架构在 2017 年首次被提出，它采用了"自注意力机制"，该机制能有效处理序列数据，同时关注输入数据的所有位置，进行全局理解，通过并行化处理提高了训练效率和模型处理复杂文本的能力[3]。与传统依赖规则或简单机器学习技术的 NLP 算法相比，ChatGPT 能更好地理解复杂语言的结构和语境，在生成语言时表现出接近人类交流的水平。

GPT 模型的特点是"预训练"，即在执行特定任务前，已在大规模数据集上进行了训练，学习语言规律和知识，使模型具备强大的语言基础。这些数据集涵盖新闻、书籍、网站等。在此基础上利用机器学习，特别是深度学习分析大量数据，模型就可以自动生成文本、图像、音乐等内容。在开发 ChatGPT 时，OpenAI 着重关注对话质量和用户体验，如通过增强上下文理解能力，记住对话历史，生成连贯的响应。通过预训练和微调，ChatGPT 展示了在语言生成方面的强大能力，提供了高质量的交互体验，并在特定领域实现了不同的应用。例如编写详尽的用户手册、生成精确的产品描述，甚至帮助制定营销策略和执行计划。

随着 ChatGPT 的流行，各个行业、各个领域都开始思考如何利用 ChatGPT，并将其优势最大化。科技企业在思考如何掌握新一轮 AI 竞赛的主动权。教育工作者在思考当教材知识已经由语言模型掌握后，以应试为主的学校教育应该如何调整。而对于大部分转型中的非数字原生企业而言，则更倾向于思考如何真正使用 AI 技术提升管理效率和客户体验。

在客户服务领域，ChatGPT 被许多大型零售商和电信公司用于自动化处理常见查询并解决问题，显著提高了响应速度和客户满意度。在教育行业，ChatGPT 帮助教师提供个性化的学习材料，同时作为一个虚拟学习伴侣，与学生进行互动，帮助他们解答问题和学习新知识。在内容创作领域，ChatGPT 协助内容创作者快速生成文章初稿、创意文案和营销材料，极大地提升了生产效率和创新性。在软件开发方面，ChatGPT 通过提供代码建议和错误修正来帮助开发者提高编程效率。在医疗行业中，ChatGPT 通过提供医疗信息查询和病患教育服务，帮助医生和患者更有效地沟通。这些应用示例不仅证明了 ChatGPT 的技术成熟度，也彰显了其在各行各业的深远影响。

1.1.2　ChatGPT 技术体系

ChatGPT 基于 Transformer 架构，通过微调和人类反馈的强化学习进行训练，这种方法通过人类干预来增强机器学习以获得更好的效果。在训练过程中，人类训练者扮演着用户和人工智能助手的角色，并通过近端策略优化算法进行微调。由于 ChatGPT 强大的性能和海量参数，它包含了更多不同种类的数据，能够处理更多的小众主题。ChatGPT现在可以进一步处理回答问题、撰写文章、文本摘要、语言翻译和生成计算机代码等任务。

ChatGPT的核心技术构建在三大支柱上：预训练、有监督微调（Supervised Fine Tuning, SFT）和基于人类反馈的强化学习（Reinforcement Learning from Human Feedback，RLHF）。这3个阶段共同构成了ChatGPT能够理解和生成语言并实现与人类自然"对话"的基础。

（1）预训练

ChatGPT最早基于OpenAI的GPT-3.5自回归语言模型，2023年已升级至最新的GPT-4架构，在理解和生成自然语言文本方面有了更为显著的改进，能够处理更复杂的任务和更广泛的主题。ChatGPT通过在大规模无标注语料数据上进行自监督预训练，使模型具备基本的语言理解和生成能力。预训练是构建ChatGPT的关键第一步，其核心任务是让模型通过大量文本学习语言的深层规律和结构。这一阶段，模型在没有特定任务的情况下进行训练，以捕捉语言的普遍性质和模式。通过从大量文本中提取语言规律，ChatGPT能够构建对语言的一般性理解。预训练的原理如图1-2所示。

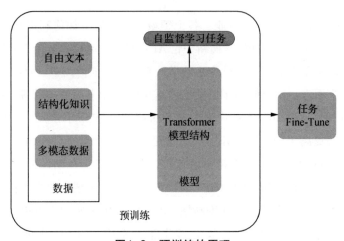

图1-2 预训练的原理

在预训练过程中，数据集被划分为训练集、验证集和测试集。数据集的质量和多样性直接影响模型的性能和适用范围。该阶段，GPT模型关注语言模式的两个方面：单词共现频率和语句结构。共现频率是指在特定语境中单词同时出现的频率，帮助模型理解词语关联性。语句结构学习涉及复杂的语法和句法分析，使模型学会组织单词、形成合理语句。

图1-3展示了目前主流自然语言预训练方法[4][5]，其中GPT系列模型采用了自回归语

言建模预训练方法，即根据前 $i-1$ 个单词预测第 i 个单词。自回归模型是生成式模型的一种特例，即基于前面若干个已生成值预测新目标值。自回归模型在时间序列分析、语音信号处理和自然语言处理等领域有广泛的应用。其中，在序列生成问题中，自回归模型特别重要，比如机器翻译、文本生成、语音合成等任务。

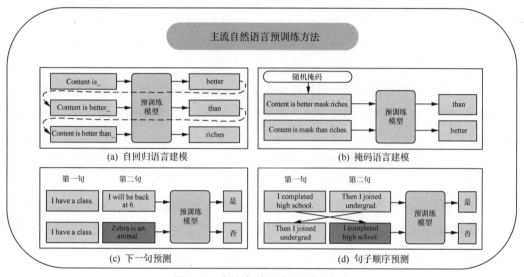

图1-3 主流自然语言预训练方法

具体来说，GPT 使用 Transformer 架构中的 Decoder 部分，在预测单词时，基于先前已生成的所有单词进行自回归计算，得到下一个单词的概率分布，并通过不断重复这一过程，生成连贯且符合上下文的文本。自回归任务在本质上与生成任务契合，使 GPT 系列模型在文本生成方面表现出色，能够处理从对话生成到文章写作等多种任务。

通过大规模文本数据的预训练，GPT 模型能够深层理解自然语言，包括词汇和句子的语义。这使得模型能生成语法结构准确、语义连贯的文本，并为后续特定任务学习打下基础。

（2）有监督微调

有监督微调是指在源数据集上预训练一个神经网络模型，即源模型，然后创建一个新的神经网络模型，即目标模型。目标模型复制了源模型上除了输出层外的所有模型设计及其参数。这些模型参数包含了源数据集上学习到的知识，并且这些知识同样适用于目标数据集。源模型的输出层与源数据集的标签紧密相关，因此在目标模型中不予采用[6]。微调时，为目标模型添加一个输出大小为目标数据集类别个数的输出层，并随机初始化该层的模型参数。在目标数据集上训练目标模型时，将从头训练到输出层，其余层的参数都基于源模型的参数微调得到。

SFT 同样是 ChatGPT 训练中的关键阶段，能够确保模型在实际对话中提供恰当的回应。预训练结束后，当前的 ChatGPT 模型具有较强的语言生成能力，但难以理解人类输入不同指令的意图。因此，需要通过有监督微调引导模型按照人类意图进行答案的生成。具体而言，首先选取部分输入 Prompt，并人工为其构造符合人类意图的高质量答案。然后以上述数据中的 <Prompt，Answer> 模板对预训练模型进行精调，使模型初步具有理解人类意图、生成高质量答案的能力。

微调阶段将模型的通用性知识转化为专业性知识，学习在具体对话场景中根据用户意图提供反馈。与预训练数据集相比，微调数据集规模较小但专业且高质量，涵盖客户服务、技术支持等对话实例。这些数据由人工生成或抽取，并由专业人员标注，以确保模型学习不同请求的正确回应。微调过程中，需要调整模型权重以匹配特定场景的语言特征，使其识别用户意图，理解问题并生成相关回答。

图1-4表示的是将预训练模型的前 $L-1$ 层的参数复制到微调模型，而微调模型的输出层参数随机初始化。在训练过程中，通过设置很小的学习率，从而达到微调的目的。

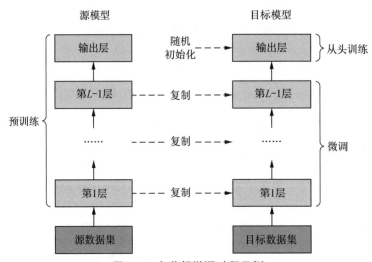

图1-4 有监督微调过程示例

微调技术的实施涉及选择损失函数、调整学习率及正则化技术。其中，损失函数衡量模型预测和实际标注之间的差距；学习率决定了模型权重调整的速度；正则化技术则能帮助模型保持泛化能力，避免在特定数据集上过度训练。通过有监督的微调，ChatGPT 提升了特定领域的对话质量和信息准确性。微调后，模型需要通过自动评估（如准确率、召回率、F1 分数）和人工评估（用户体验和满意度）来确保表现符合标准。

（3）基于人类反馈的强化学习

基于人类反馈的强化学习（Reinforcement Learning from Human Feedback，RLHF）是基于人类对输出结果的反馈、对语言模型进行的强化学习。这一过程能够提升模型的对话质量，尤其注重使模型的回答更加符合人类的习惯[7]。如图 1-5 所示，评估式强化人工训练代理（Training an Agent Manually via Evaluative Reinforcement，TAMER）框架将人类引入到 Agent 的学习循环中，通过人类向 Agent 提供奖励反馈，指导 Agent 进行训练，从而快速达到训练任务的目标。RLHF 基于 TAMER 理念，结合强化学习算法和人类反馈，调整 Agent 的策略和奖励函数，实现更全面和长期的优化。RLHF 处理即时，反馈稀疏，适用于大规模复杂的任务，显著提升了 Agent 在复杂环境中的表现。

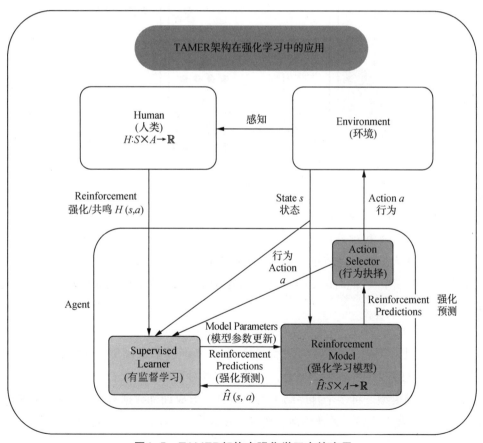

图1-5　TAMER架构在强化学习中的应用

在 RLHF 过程中，ChatGPT 在实际对话中尝试不同的回答方式，人类评估员根据回答的准确性、相关性和自然性提供反馈。这些反馈指导 ChatGPT 调整对话策略，提升对话质量。通过不断的试错和调整，ChatGPT 逐步优化其策略，实现更自然、更准确的对话交流。

总的来说，ChatGPT 的训练过程具体可以分为 3 个核心阶段，如图 1-6 所示。

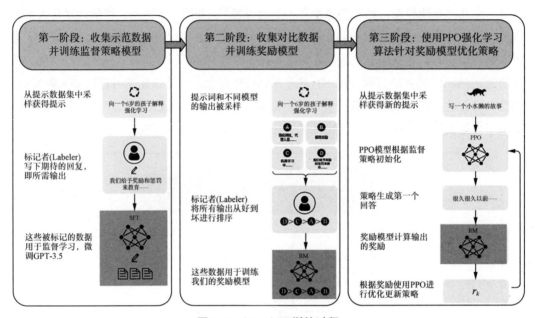

图1-6 ChatGPT训练过程

第一阶段：收集示范数据并训练监督策略模型。

为了让 GPT-3.5 初步具备理解指令的意图，研究人员首先会在数据集中随机抽取问题，由人类标注人员给出高质量的答案，然后用这些人工标注好的数据来微调 GPT-3.5 模型（获得 SFT 模型）。此时的 SFT 模型在遵循指令 / 对话方面已经优于 GPT-3，但不一定符合人类的偏好。

第二阶段：收集对比数据并训练奖励模型。

该阶段通过人工标注训练数据（约 33K 个）来训练回报模型。从数据集中随机抽取问题，使用生成模型生成多个回答，人类标注者对这些回答进行排名。然后，使用排序结果训练奖励模型。将多个排序结果两两组合，形成训练数据对，奖励模型（Reward Model，RM）接收一个输入并评价回答质量的分数[8]。这样，对于一对训练数据，可调节参数使得高质量回答的打分比低质量的打分要高。

第三阶段：使用PPO强化学习算法针对奖励模型优化策略。

近端策略优化（Proximal Policy Optimization，PPO）的核心思路在于将策略梯度中同策略的训练过程转化为异策略，即将在线学习转化为离线学习，这个转化过程称为重要性采样。PPO使用信任域优化方法来训练策略，这意味着它将策略的变化限制在与前一策略的一定范围内，以确保稳定性[9]。这一阶段利用第二阶段训练好的奖励模型，靠奖励打分来更新预训练模型的参数。在数据集中随机抽取问题，使用PPO模型生成回答，并用上一阶段训练好的RM模型给出质量分数。把回报分数依次传递，由此产生策略梯度，通过强化学习的方式更新PPO模型参数。

通过不断地重复第二和第三阶段进行迭代，就能够训练出更高质量的ChatGPT模型。

1.1.3 ChatGPT典型应用

ChatGPT的功能覆盖各个板块，应用场景也非常广泛，并有望持续拓展，具有很大的市场潜力。除了一些常见的应用，例如问答聊天、编写代码、撰写论文、图片处理等，ChatGPT还被广泛应用于商业智能分析、教育辅助工具、游戏交互设计、在线购物体验优化及医疗诊断和健康管理等领域。这些具体应用不仅展示了ChatGPT在不同领域的强大功能，还凸显了其在推动各行业数字化转型中的重要作用。图1-7列举了"ChatGPT能做的49件事"。

图1-7 ChatGPT能做的49件事

以下将分别介绍 ChatGPT 在商业办公、教育学习、游戏开发、电商购物和辅助医疗场景下的典型应用。

（1）商业办公

① 场景描述。在商业办公场景中，处理复杂的文字和统计图表是一个重要的步骤，尤其是财务行业。财务人员经常需要整理数据量大的报表，财务工作中常常会遇到一些复杂的财务问题，如税务政策解读、会计准则解释等。规划也是财务工作中的重要环节，它涉及资金的配置、投资决策等方面。最后还有报告的整理，这是商业工作中的重要成果之一，它需要准确地反映公司的财务状况和经营情况。

② 具体应用。ChatGPT 在财务工作中具有广泛的应用场景。它可以用于财务数据的处理和分析、解答财务问题、进行财务规划和预测，以及撰写财务报告等方面。使用 ChatGPT 可以提高财务工作的效率和准确性，使财务人员能够更好地发挥其专业能力和创造力。此外，商业办公还可以依靠 ChatGPT 智能问答功能的智能客服及利用 ChatGPT 编写销售文案等，例如依靠 ChatGPT 驱动的营销文案写作初创公司 Copy.ai，能在几秒钟内生成高质量的广告和营销文案。

结合大模型、Microsoft Graph 数据及 Microsoft 365 应用，微软于 2023 年 3 月 16 日发布全新 Microsoft 365 Copilot，将 GPT 的生成式 AI 能力与 Microsoft 365 应用中的数据相结合，全面应用于 Word、Excel、PowerPoint、Outlook、Teams 等办公套件，打破了传统的办公方式，能自动生成文档、电子邮件和 PPT 等，大大提升了商务办公人员的工作效率。Microsoft 365 Copilot 界面如图 1-8 所示。

图1-8　Microsoft 365 Copilot界面

（2）教育学习

① 场景描述。在中国的教育体系中，复习是其显著特征，课外补习班、高考的一轮二轮复习、考研培训班、火爆的刷题软件均是其体现，学生的负担一直比较重。然而，随着技术发展，由大模型通过预训练获得的知识已经覆盖了通用知识领域，使人们能够在任何时候都可以低成本地调用任何领域的知识。因此，教师和教培机构也需要调整产品设计，以适应这种变化。

② 具体应用。ChatGPT 不仅可以为学生服务，还可以用于教师减负和公司运营效率的提升，比如可汗学院和 Coursera 帮助教师使用提示生成课程材料；在数字化转型缓慢的日本，倍乐生早在 2023 年 4 月就宣布，在公司内部使用 Azure OpenAI，以提升运营效率，并且其数字化转型部门已经开始观察和讨论 ChatGPT 的使用。GPT-4 深化语言学习软件 Duolingo 的对话功能，在 SuperDuolingo 的基础上，通过"角色扮演"和"解释答案"两大全新功能，打造了 Duolingo Max 协助语言教育产品，协助语言教育。Duolingo Max 界面如图 1-9 所示。

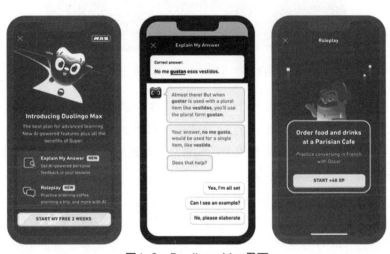

图1-9　Duolingo Max界面

（3）游戏开发

① 场景描述。游戏的开发制作是一个极其复杂的过程，其中每一个步骤都需要投入大量的人力和时间。随着人们更多地投入休闲娱乐，各类新型游戏和 VR 等技术的出现对游戏的要求也不断提高，使得游戏开发日益困难。首先，当代游戏拥有庞大的代码库，含有牵涉多种编程语言的数百万行代码，开发周期较长，成本过高，延误和超支的风险也成倍增加。这给开发人员带来了越来越大的压力，并导致了行业危机和职场倦怠。

② 具体应用。ChatGPT 可以帮助开发人员快速生成符合要求的代码，甚至可以编写小游戏。利用 ChatGPT 编写代码比人工编写速度更快、注释更清晰，理解更方便，并且没有冗余代码。不过现阶段还无法完全替代程序员，只能降低程序员大量重复的代码编写工作。例如 GitHub Copilot，是微软旗下代码托管平台 GitHub 推出的 AI 编程工具，主要定位是提供代码补全与建议。GitHub Copilot 界面如图 1-10 所示。

图1-10　GitHub Copilot界面

研究人员还开发出了一种名为 GameGPT 的模型，该模型可以整合多个 AI 智能体，自动完成游戏开发中的部分流程。这一突破性的技术为游戏开发带来了全新的可能。GameGPT 可以简化传统游戏开发流程中一些重复和死板的内容，比如代码测试。这样一来，大量开发人员就可以从繁杂的检验工作中解放出来，专注于 AI 所不能替代的、更有挑战性的设计环节，但该模型目前还处在概念形成阶段。

（4）电商购物

① 场景描述。随着信息技术的发展，电商行业获得了机会，更多消费者转向了线上购物，购物过程也发生了变化。过去人们需要反复挑选和对比才能订购，需要耗费大量的时间。但随着 ChatGPT 的出现，未来只需要告诉 ChatGPT 一声"请帮我买一套××元左右的适合明天户外骑行的装备"，它就能根据你的地址、预算、身高体重、购买记录、当地天气、送达时间等信息分析你的喜好和需求，简化购物流程，实现快速购物。

② 具体应用。Shopify 从 2022 年末开始引入大模型，并发布了 AI 工具包 Shopify Magic。Shopify Magic 包含商店搭建、营销、客服和后台管理等方面的 AI 能力，其中比较知名的

Sidekick，是一个基于 AI 的商业助手，能够通过自然语言回答商家提出的问题，帮助商家完成启动创意、分析业务发展等任务。另一重要能力"AI 导购"，也是基于 ChatGPT，为消费者提供消费决策信息。Shopify Magic 界面如图 1–11 所示。

图1-11　Shopify Magic界面

国内互联网公司中，阿里巴巴也推出了淘宝问问、通义万相、瓴羊 one 等基于大模型的产品，其中淘宝问问在 2023 年"双 11"预售日更新了带购物链接的版本。京东推出言犀电商大模型后，也推出了一系列云上 AIGC 产品，而百度也推出文心一言加持的百度优选，通过 AI 重拾电商梦想。

（5）辅助医疗

① 场景描述。在医疗行业中，医疗数据是涉及个人隐私的，因此医疗机构对于数据信息处理的要求也一直很严格。例如电子健康记录，它包含了患者所有医疗信息，如病史、诊断、治疗方案等。然而，电子健康记录通常包含大量的文本数据，医生需要花费大量的时间和精力来阅读和理解。一些医学影像的解读也需要专业的知识和丰富的经验，而且解读工作通常耗时较长。此外，在许多突发情况下或医疗资源紧张的地区，救援人员无法及时到达，需要进行远程医疗服务，因此对患者信息传达的准确性和实时性也有较高要求。

② 具体应用。国内外都在抢先落地医疗 AI 大模型的应用。2023 年上半年该领域就出现了两则重磅消息：一是，医联 MedGPT 与真人医生进行了多维度评测对比，且与三甲医院主治医生在比分结果上的一致性达到 96%；二是，谷歌 Med-PaLM 与临床医生进行医学问题回答测试，92.6% 的长篇答案符合科学共识，与临床医生生成的答案（92.9%）相当。

Be My Eyes 推出帮助盲人和视障人士的免费 App——Be My Eyes Virtual Volunteer。这是 GPT-4 助力的首款数字视觉助手，目标是为全球盲人和视障人士提供前所未有的可访问性和强大功能。用户可通过 App 将图像发送给 AI 驱动的虚拟志愿者，虚拟志愿者可回答有关该图像的任何问题，并提供即时视觉帮助，使得盲人和视障人士更好地驾驭物理环境、满足日常需求并获得更多的独立性。Be My Eyes Virtual Volunteer 界面如图 1-12 所示。

图1-12　Be My Eyes Virtual Volunteer界面

　　未来，ChatGPT 在金融、市场营销、教育等领域将会有更加广泛的应用。例如，金融机构可以通过 ChatGPT 实现金融资讯、金融产品的介绍，分析金融市场数据，帮助金融机构评估风险和预测市场趋势，提供决策支持；广告营销行业可以通过 ChatGPT 提供个性化推荐，分析用户的偏好、兴趣和历史数据，为用户定制个性化的推荐广告，提高广告点击率和转化率；银行、保险等公司的智能客服系统可以通过 ChatGPT 获取快速准确的客户支持和解答常见问题，同时为员工提供个性化的福利咨询和建议，提高员工满意度和福利使用效果。

　　总而言之，ChatGPT 的推出标志着 OpenAI 在 NLP 领域的重大突破，作为一项创新技术，其未来发展潜力巨大。ChatGPT 这样的 AI 大模型的出现，在向我们宣告一个事实："AI 新时代已来。"其强大的模型容量、多样化的训练数据、上下文感知能力、自我学习能力及多语言支持能力都为用户提供了更优质的体验，这些创新特性也将推动人工智能技术的进一步发展。我们有理由相信，ChatGPT 及未来的 GPT 系列大模型将在各个领域带来更多的创新和应用，为人类的生活和工作带来更多的便利，创造更大的价值。

1.2 GPT引领人工智能发展热潮

1.2.1 GPT：生成式预训练转换器

GPT 的全称是 Generative Pre-trained Transformer，即生成式预训练转换器，其背景源于深度学习和 NLP 领域。在过去的几年里，随着计算能力的提升和大数据的出现，NLP 领域取得了突破性的进展。GPT 作为一系列 NLP 技术的集大成者，正是在这样的背景下应运而生的。

GPT 的含义其实就在它的 3 个首字母中，如图 1-13 所示。

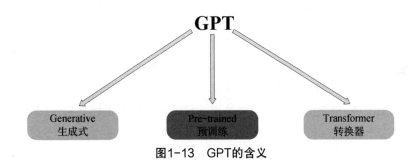

图1-13 GPT的含义

G：Generative，生成式。说明了 GPT 的能力是自发生成内容。GPT 不仅能够理解和解析给定的文本输入，而且能够基于这种理解产生全新的文本输出。这种能力使其能够执行多样的语言任务。

P：Pre-trained，预训练。说明了 GPT 模型在面对具体任务之前，已经在大规模义本数据集上学习到丰富的语言表示。这一阶段涉及的训练语料库广泛且多元，使模型能够捕捉到语言的统计规律和丰富多样的使用场景。预训练也让 GPT 模型在没有直接指导的情况下，通过自我学习，建立起对语言深层次的理解能力，这对于后续的任务特定微调至关重要。

T：Transformer，转换器。说明了 GPT 是基于 Transformer 架构的语言模型。这一架构的创新之处在于自注意力机制，它支持模型在生成文本时评估输入序列中所有词元的相关性，不受传统序列模型限制。该机制适合处理依赖于长距离词元依赖关系的语言现象，使得模型在面对复杂的语言结构和细微的上下文变化时，能够灵活而准确地进行语言生成。

2017年，Google团队首次提出基于自注意力机制的Transformer模型，并将其应用于NLP。OpenAI应用了这项技术，于2018年发布了最早的一代大模型GPT-1，此后每一代GPT模型的参数量都呈爆炸式增长，2019年2月发布的GPT-2参数量为15亿，而2020年5月的GPT-3，参数量直接达到了1 750亿。

因此，ChatGPT的"一夜爆火"并不是偶然的，它是经过了很多人的努力，以及很长一段时间的技术演进得来的。自GPT-1发布以来，OpenAI系列模型每一代的性能都在不断实现突破和提高。

1.2.2　Transformer 架构

Transformer架构是GPT的重要基础。Transformer是一种基于自注意力机制（Self-Attention Mechanism，SAM）的神经网络架构，广泛应用于自然语言处理领域的大模型中。谷歌和OpenAI在自然语言处理技术上的优化，都是基于这个模型。Transformer的核心部分是编码器和解码器，即Encoder和Decoder。Encoder把输入文本编码成一系列向量，Decoder则将这些向量逐一解码成输出文本。

在Transformer提出之前，自然语言处理领域的主流模型是循环神经网络（Recurrent Neural Network，RNN），使用递归和卷积神经网络进行语言序列转换。2017年6月，谷歌大脑团队在AI领域的顶级会议——神经信息处理系统大会（Conference and Workshop on Neural Information Processing Systems，NeurIPS）发表了一篇名为 *Attention is All You Need* 的论文，首次提出了一种新的网络架构，即Transformer，它完全基于自注意力机制，摒弃了循环递归和卷积[3]。

递归模型通常沿输入和输出序列的符号位置进行计算，来预测后面的值。但这种固有的顺序性质阻碍了训练样例内的并行化，这是因为内存约束限制了样例之间的批处理。而注意力机制允许对依赖项进行建模，无须考虑它们在输入或输出序列中的距离。Transformer避开了递归网络的模型体系结构，并且完全依赖于注意力机制来绘制输入和输出之间的全局依存关系。在8个P100 GPU上进行了仅12个小时的训练之后，Transformer就可以在翻译质量方面达到非常高的水平[3]，体现了很好的并行能力，成为当时最先进的语言模型。

Transformer网络结构如图1-14所示。Transformer是由一系列编码器（Encoder）和解码器（Decoder）组成，每一个编码器和解码器的内部结构均由多头注意力层和全连接前馈网络组成。虽然编码器和解码器都由多层组成，但其层结构不同，以适应各自功能，最终形成完整的网络结构。

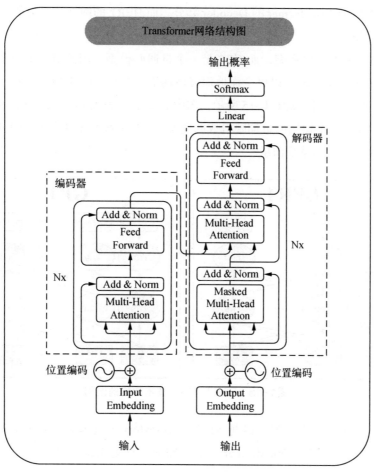

图1-14 Transformer网络结构图

编码器由 N 个编码器块串联组成，每个编码器块包含：

·一个多头注意力层；

·一个前馈全连接神经网络。

解码器也由 N 个解码器块串联组成，每个解码器块包含：

·一个带掩码的多头注意力层；

·一个接收编码器输出的多头注意力层；

·一个前馈全连接神经网络。

除了 GPT 外，由谷歌在 2018 年开发的 BERT 也是最早一批出现的大模型[10]，同样基于 Transformer 架构。虽然 BERT 和 GPT 都是基于 Transformer 架构的大模型，两者也有所区别。GPT类似于Transformer的Decoder部分，而BERT的网络结构类似于Transformer的Encoder部分。

此外，BERT是双向模型，而GPT是一个自回归模型。因此BERT模型会同时利用其前面和后面的文本信息，以更全面地理解该词语的语境，GPT模型则利用以前生成的文本，来预测下一个词。如图1-15所示，图中的Trm代表Transformer层，E代表Token Embedding，即每一个输入的单词映射成的向量，T代表模型输出的每个Token（1 Token约为4个英文字符）的特征向量[10]。

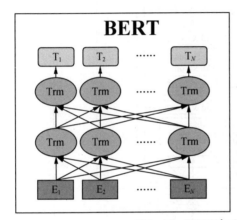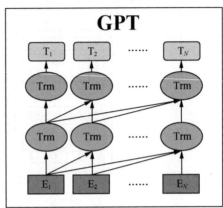

图1-15　BERT与GPT技术架构的区别

除了最基本的编码器和解码器网络结构，Transformer还有许多重要的组成部分，通过这些内部的结构细节，Transformer才能够完成一些复杂的任务，例如实现中英文翻译等。

（1）词嵌入向量和位置编码

输入序列（如文本或语音数据）进入Transformer模型时，首先通过嵌入层，将每个输入元素转换为密集的向量表示，捕捉其语义和句法特性，提供理解每个元素含义的必要信息。嵌入向量经过嵌入层处理后还需要加入位置信息，为此引入了位置编码来保留每个元素的位置信息。

我们使用词嵌入算法将每个词转换为一个词向量。输入句子的每一个单词的表示向量X，X由单词的嵌入和单词位置的嵌入相加得到。如图1-16所示，"我有一只狗"这个句子中的单词分别被不同的词向量表示。

（2）自注意力机制

经过嵌入层和位置编码的输入数据将进入编码器层，可以得到句子所有单词的编码信息矩阵。完成输入数据的向量化之后，模型结构的下一步就是自注意力层。

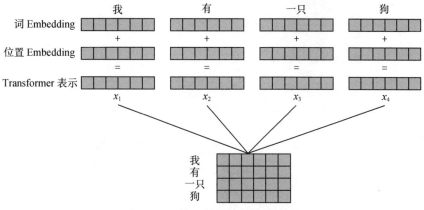

图1-16 输入数据的向量化表示

在自注意力机制中，模型生成查询（Query，Q）、键（Key，K）和值（Value，V）3个向量。查询向量表示模型的注意力目标；键向量标识输入序列中的所有位置；值向量包含每个位置的实际信息。Q，K和V均来自同一输入，通过公式将Q和K之间两两计算相似度，依据相似度对各个V进行加权，就能得到注意力的计算结果。整个计算过程可以表示为

$$\text{Attention}(Q,K,V) = \text{softmax}\left(\frac{QK^{\mathrm{T}}}{\sqrt{d_k}}\right)V$$

例如，我们要将"The animal didn't cross the street because it was too tired"翻译成中文，但句中的"it"所指代的是"animal"或"street"并不明确。对人来说，这是一个简单的问题，但是对算法来说却不那么简单。而自注意力机制使得模型不仅能够关注当前位置的词，而且能够关注句子中其他位置的词，从而可以更好地编码这个词。如图1-17所示，当对单词"it"进行编码时，有一部分注意力会集中在"The animal"上，并将它们的部分信息融入"it"的编码中。

（3）多头自注意力机制

多头自注意力机制是整个Transformer架构的核心，进一步完善了自注意力层的功能。每一组注意力用于将输入映射到不同的子表示空间，这使得模型可以在不同子表示空间中关注不同的位置。首先，通过h个不同的线性变换对Q、K、V进行映射。然后，将不同的Attention拼接起来。最后，再进行一次线性变换。其基本结构如图1-18所示。

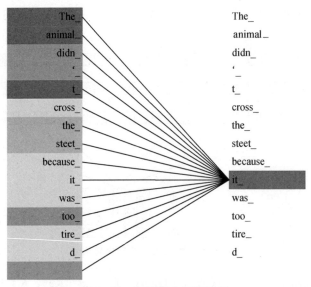

图1-17 自注意力机制示例

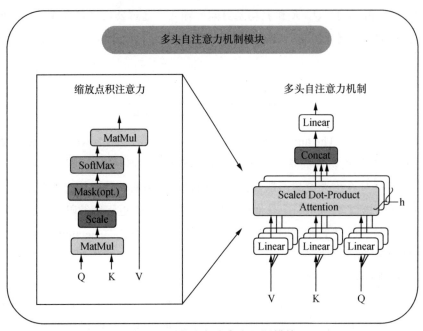

图1-18 多头自注意力机制模块

它不是只计算一次注意力，而是将输入分成更小的块，然后并行计算每个子空间上的缩放点积注意力。这种结构设计能让每个注意力机制去优化每个词汇的不同特征部分，从而均衡同一种注意力机制可能产生的偏差，让模型能捕捉到不同层次的语义信息，增强模型的表达能力，提升模型效果。

1.2.3 GPT 发展历程

如图 1-19 所示，GPT 的发展历程主要可以分为两个阶段，在 ChatGPT 之前侧重于不断增大大模型的基础规模，并增强新能力。而 ChatGPT 和最新的 GPT-4 则更侧重于增加人类反馈强化学习，理解人类的意图，以提供更好的服务。

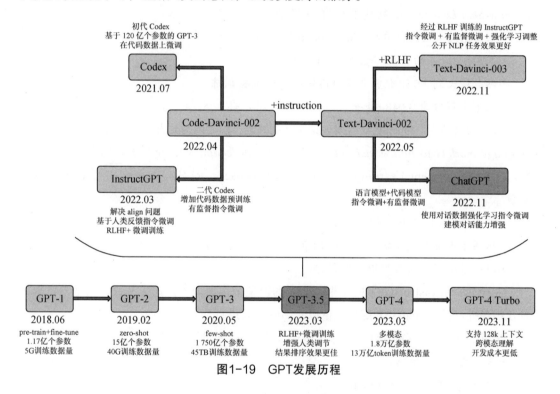

图1-19　GPT发展历程

① 2018 年 6 月，OpenAI 公司发表论文《通过生成式预训练提高语言理解能力》(*Improving Language Understanding by Generative Pre-training*)，正式发布了 GPT-1[11]。

- 基本思路：生成式预训练（无监督）+ 下游任务微调（有监督）。
- 基于 Transformer 的单向语言模型，Decoder 结构，共 12 层。
- 参数为 1.17 亿，训练数据量 5GB，模型规模和能力相对有限。
- 上下文窗口为 512 token。

② 2019 年，OpenAI 发表了最新进展，一篇《语言模型是无监督的多任务学习者》

（*Language Models are Unsupervised Multitask Learners*）的论文，提出语言模型是无监督的多任务学习，GPT-2 也随之诞生[12]。

· 基本思路：去掉有监督，只保留无监督学习。

· 48 层 Transformer 结构。

· 共 15 亿个参数，数据训练量提升至 40GB。

· 上下文窗口为 1 024 token。

③ 2020 年 5 月，OpenAI 公司发表论文《语言模型是少样本学习者》（*Language Models are Few-Shot Learners*），构建了 GPT-3 模型[13]。

· 基本思路：无监督学习 +in-context learning。

· 采用了 96 层的多头 Transformer。

· 参数增大到 1 750 亿，基于 45TB 的文本数据训练。

· 上下文窗口为 2 048 token。

④ 2022 年 3 月，OpenAI 再次发表论文《训练语言模型以遵循人工反馈的指令》（*Training language models to follow instructions with human feedback*），介绍了利用人类反馈强化学习（Reinforcement Learning from Human Feedback，RLHF），并推出了 InstructGPT 模型[14]。

· 基本思路：RLHF+ 微调训练。

· 增强了人类对模型输出结果的调节。

· 对结果进行了更具理解性的排序。

ChatGPT 是 InstructGPT 的衍生，两者的模型结构和训练方式都一致，只是采集数据的方式有所差异，ChatGPT 更加注重以对话的形式进行交互。

⑤ 2023 年 3 月，OpenAI 又发布了多模态预训练大模型 GPT-4，再次进行了重大升级。

· 基本思路：多模态。

· 上下文窗口为 8 195 token。

· 1.8 万亿个参数，13 万亿个训练数据。

· 强大的识图能力。

虽然目前 GPT-4 在现实场景中的能力可能不如人类，但在各种专业和学术考试上都表现出明显超越人类水平的能力，甚至 SAT 成绩（可以理解为美国高考成绩）已经超过了 90% 的考生，达到了考进哈佛、斯坦福等名校的水平。2024 年上半年，GPT-4 在 HumanEval 测试中表现优异，pass@1 得分 85.73%，pass@10 得分 98.17%，显著优于早期版本[15]，这代表着代码生成能力的提升。ChatQA 模型通过两阶段指令调优，提升了 GPT-4

在对话问答任务中的表现，包括监督微调和上下文增强指令调优，减少错误回答[16]。此外，中国的顶级国产人工智能大模型已达到 GPT-3.5 的水平，与 GPT-4 的技术差距正在缩小。中国拥有超过 130 个大语言模型，占全球总数的 40%[17]。

2024 年 5 月，OpenAI 对现有模型进行了一次全新升级，推出了桌面版 ChatGPT 及网页端用户界面（User Interface，UI）更新，并发布了 GPT-4o。其中，"o"代表"omni"，意为全能的。根据 OpenAI 官网给出的介绍，GPT-4o 可以处理文本、音频和图像任意组合的输入，并生成对应的任意组合输出。特别是音频，它可以在短至232ms 的时间内响应用户的语音输入，平均 320ms 的用时已经接近人类在日常对话中的反应时间。与现有模型相比，GPT-4o 在视觉和音频理解方面尤其出色。GPT-4o 在英语文本和代码上的性能也与 GPT-4 Turbo 处于同一水平线上，在非英语文本上的性能有着显著提高，同时应用程序编程接口（Application Programming Interface，API）速度快，数据处理量大幅提升，成本则降低了 50%。在数据层面，根据传统的基准测试，GPT-4o 的性能与 GPT-4 Turbo 相比有优势，对比其他模型更是大幅领先[18]。

此外，OpenAI 最新的声明表明，GPT-5 将在不久后发布，并将实现从高中生智力水平到博士生智力水平的飞跃。与 GPT-4 相比，预计 GPT-5 将在语义理解、上下文关联和语言生成方面表现出显著进步。未来的应用将包括更加精准的机器翻译、更自然的对话系统及更高效的文本摘要生成。随着 GPT 技术的不断突破，未来的 GPT-5 不仅局限于文本处理，还将融合视觉、音频等多模态数据，为用户提供更全面和深刻的分析与解决方案，形成更综合的智能系统。

1.3　大模型

1.3.1　大模型概述

一般来说，在 ChatGPT 之前，被公众关注的 AI 模型主要是用于单一任务的。比如引燃了整个人工智能市场并促使其爆发式发展的"阿尔法狗"（AlphaGo），它基于全球围棋棋谱的计算，在 2016 年轰动一时的"人机大战"中击败围棋世界冠军李世石。但是从本质上来说，这种专注于某个具体任务而建立的 AI 数据模型，和 ChatGPT 相比，只能叫"小模型"。

大模型是指具有庞大的参数规模和复杂程度的机器学习模型，我们所提到的大模型通常是大语言模型（Large Language Model，LLM）的简称。语言模型是一种人工智能模型，它被训练后可以理解和生成人类语言，而"大"的意思是指模型的参数量非常大，是相对于"小模型"而言的。LLM可以处理多种自然语言任务，如文本分类、问答、对话等，是通向人工智能的重要途径，其主要特点如下。

· 规模大：通常是具有数百万到数十亿参数的神经网络模型，模型大小可以达到数百GB甚至更大，需要大量的计算资源和存储空间来训练和存储。

· 能力强：能够学习更细微的模式和规律，从而更好地预测未来数据并处理不同类型的数据，表现出更强的泛化能力和表达能力。

· 精度高：可以处理更复杂的数据集，从而减少了数据预处理和特征提取的时间和成本，能够更好地捕捉数据的复杂关系，提高了模型精度和准确性。

图1-20从任务处理能力不断增强的角度分析了LLM的发展过程。可以看出，语言模型并不是一个专门针对LLM的新的技术概念，而是随着AI技术的发展而逐渐发展起来的。早期的语言模型主要针对文本数据进行建模和生成，而最新的语言模型（例如，GPT-4）则专注于复杂的任务求解。从语言建模到任务解决，是科学思维的重要飞跃，也是理解语言模型在研究史中发展脉络的关键[19]。

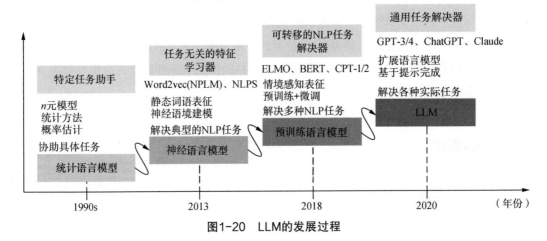

图1-20　LLM的发展过程

首先，统计语言模型主要在一些特定的任务（例如，提取任务或言语任务）中进行辅助，其中预测或估计的概率可以增强特定任务方法的性能。随后，神经语言模型专注于学习任务无关的表征，旨在减少人类特征工程的工作量。此外，预训练的语言模型学习了上下文感知的表示，可以根据下游任务进行优化。对于最新一代的语言模型，LLM是通过探索模型容量的缩放效应来增强的，可以被认为是通用的任务求解器。综上所述，在发展过程中，语言模型所能解决的任务范围得到了极大的扩展，各方面性能也有了显著的提升。

如图 1-21 所示，大模型进化树图追溯了近些年大模型的发展历程，其中重点凸显了某些最知名的模型，同一分支上的模型关系更近 [20]。实心块表示开源模型，空心块则是闭源模型。基于 Transformer 的模型中，仅编码器模型是最左边的分支，仅解码器模型是最右边的分支，编码器 - 解码器模型则是中间的分支。

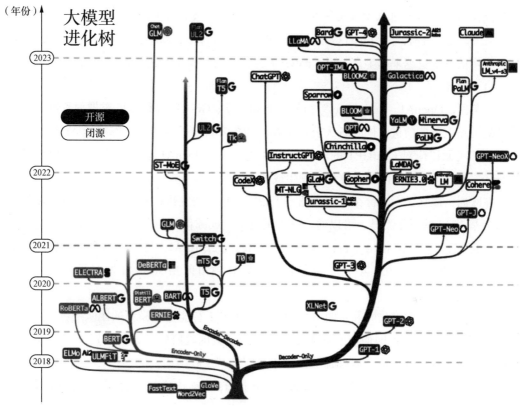

图1-21 大模型进化树

1.3.2 大模型研究现状

2023 年 10 月 12 日，分析公司 stateof.ai 发布了《2023 年人工智能现状报告》(*State of AI Report 2023*)。该报告指出，OpenAI 发布的 GPT-4 仍然是全球最强大的 LLM，该模型展示了专有技术与次优开源替代方案之间的能力鸿沟，同时也验证了基于人类反馈进行自学习的模型能力（RLHF）。ChatGPT 是世界上用户增速最快的产品，在其带领下，生成式 AI 工具在图像、视频、编程、语音等领域取得了突破性的进展，带动了约 180 亿美元的风险投资和企业投资，拯救了风险投资界[21]。生成式 AI 推动了生命科学的进步，大模型正不断地实现技术突破，特别是在生命科学领域，在分子生物学和药物发现方面取得了有意义的进展。

2023 年 12 月 14 日，《自然》(Nature) 公布了 10 位 2023 年度人物，值得注意的是，聊天机器人 ChatGPT 因为占领了 2023 年的各种新闻头条，深刻影响了科学界乃至整个社会，被破例作为第 11 个"非人类成员"纳入榜单，以表彰生成式人工智能给科学发展和进步带来的巨大改变。目前，国内外对 GPT 大模型的研究不断深入，纷纷开始研发自己的大模型，并且应用的场景也越来越丰富。以 ChatGPT 为代表的大模型，正式开启了 AI 2.0 时代。

（1）国外

在美国，OpenAI、Anthropic 等初创企业和微软、Google 等科技巨头带领着美国在大模型的道路上飞速前进，同时各大公司也在不断提升自身的竞争力。谷歌给 Anthropic 投资了 3 亿美元以应对 ChatGPT 的威胁。2024 年 2 月，OpenAI 还发布了文生视频大模型"Sora"，展现了强大的内容理解和视频生成能力。

在欧洲，成立了一个旨在占领全球人工智能高地的研究机构 ELLIS。芬兰的 Flowrite，是一个基于 AI 的写作工具，可以通过输入关键词生成邮件、消息等内容。荷兰的全渠道通信平台 MessageBird 推出了自己的 AI 平台 MessageBird AI，可以理解客户信息的含义并做出相应的响应。2024 年 2 月，欧洲生成式 AI 独角兽 Mistral AI 发布了最新大模型 Mistral Large。

2023 年 4 月，英国政府宣布向负责构建英国版人工智能基础模型的团队提供 1 亿英镑的起始资金，以帮助英国加速发展人工智能技术。英国政府表示，该投资将用于资助由政府和行业共建的新团队，以确保英国的人工智能"主权能力"。此外，最大律师事务所之一麦克法兰也宣布与法律领域生成式 AI 企业 Harvey 达成技术合作，全面应用生成式 AI。

在日韩，日本的 7-11 连锁便利店将大模型用于产品创意和规划，提升产品研发效率。而本田也将大模型用于汽车设计之中。韩国也是最早加入大模型研发的国家之一。目前，韩国在大模型领域的代表有 NAVER、Kakao、KT、SKT 及 LG。韩国的半导体企业正在积极结盟，以应对大模型发展带来的算力挑战。

（2）国内

近年来，国内在大模型领域取得了显著进展。从科研机构到企业，都加大了对大模型的投入力度，在算法、算力、数据等方面取得了重要突破。国内已经出现了一批具有国际竞争力的大模型，并在多个领域得到了广泛应用。

许多人可能会认为，中国的 AI 大模型是从"文心一言"开始的。但"文心一言"其实只是一个类 ChatGPT 的产品，背后驱动它的 AI 大模型，无论是百度、阿里还是腾讯、华为，都早有布局。

2023 年 3 月 16 日，基于文心大模型，百度发布了"文心一言"，成为中国第一个类 ChatGPT 产品。科大讯飞于 2023 年 5 月 6 号发布中国版 ChatGPT "讯飞星火认知大模型"，具有文本生成、语言理解、知识问答、逻辑推理、数学能力、代码编程和多模态能力七大核心能力。2024 年 5 月 15 日，字节跳动豆包大模型在火山引擎原动力大会上正式发布。截至 2024 年 7 月，豆包大模型日均 Token 使用量已突破 5 000 亿，平均每家企业客户日均 Token 使用量较 5 月 15 日模型发布时增长 22 倍。

（3）标准组织

如今国际标准化组织（International Organization for Standardization，ISO）、国际电工委员会（International Electrotechnical Commission，IEC）等组织都已围绕关键术语等开展标准研究。2023 年 3 月，欧洲电信标准化组织（European Telecommunication Standards Institute，ETSI）提出了有关人工智能透明度和可解释性的标准规范，旨在生成更多可解释的模型，同时保持高水平的模型性能。

第三代合作伙伴计划（3rd Generation Partnership Project，3GPP）规范包括了 AI 在网络架构中的部署和使用，涵盖了 AI 算法和架构的规范，还涉及了 AI 数据的处理和管理标准。目前，3GPP 有 4 个工作组在进行 AI/机器学习（Machine Learning，ML）标准化方面的研究工作，分别包括 AI/ML for Air Interface、AI/ML for RAN、AI/ML for 5GS 及 AI/ML for OAM。

2023 年 11 月，在由上海人工智能实验室与商汤科技联合主办的电气电子工程师学会（Institute of Electrical and Electronics Engineers，IEEE）"人工智能大模型"标准大会上，中国电子技术标准化研究院、上海人工智能实验室和华为云等 11 家单位共同发起成立了 IEEE 大模型标准工作组。该工作组将协同国内外大模型产业力量，制定大模型在技术规范、测评方法、安全可信、可靠决策等领域的国际先进标准，为全球大模型产业技术创新和发展提供更好的支撑。

（4）学术研究

此外，多模态技术的发展，使得 GPT 大模型的多模态处理能力也在不断提升，模型功能也越来越多样化。以往的单模态模型通常只能处理一种类型的数据，例如文本、图像或声音，缺乏对复杂环境的全面理解。而具有多模态能力的大模型能够同时处理多种类型的数据，例如将视觉和语言信息相结合，以实现更深层次的理解和交互，并在更广泛的场景中得到应用。

例如，香港中文大学多媒体实验室联合上海人工智能实验室的研究团队提出一个统一多模态学习框架——Meta-Transformer，采用全新的设计思路，通过统一学习无配对数据，可以理解 12 种模态信息，并在 12 个不同的模态上完成不同的感知任务，如图 1-22 所示。该工作不仅为当前多模态学习提供了强大的工具，也给多模态领域带来新的设计思路[22]。

图1-22　多模态学习

在情感识别领域，新型多模态情感识别（Multi-Modal Emotion Recognition，MMER）系统通过一种联合多模态变压器和关键的交叉注意力融合的 MMER 方法，提高了预测的准确性。首先使用独立的主干网络捕获每个模态的时空依赖关系，然后通过融合架构整合各模态嵌入，有效捕获模态间和模态内的关系[23]。

针对自回归视觉语言模型在对齐任务中表现不够理想的问题，新加坡国立大学 Show Lab 和 Microsoft Azure AI 合作提出了 COntrastive-Streamlined MultimOdal 框架（CosMo）[24]，将对比损失引入到文本生成模型中，把语言模型战略性地分成专用的单模态文本处理和熟练的多模态数据处理组件，在增强了模型在涉及文本和视觉数据任务中的性能的同时，显著减少了可学习参数，提高了多模态任务的分类和生成能力。

在高分辨率遥感影像领域，多模态技术还结合了如数字表面模型、RGB 和近红外等多模态数据，用于地表覆盖分类中的语义分割任务。通过一种轻量级多模态数据融合网络（Lightweight Multimodal Fusion Network，LMFNet），能够达成同时处理各种数据类型并提取特征的目的。具体而言，LMFNet 在 US3D 数据集上实现了 85.09% 的平均交并比（Mean Intersection over Union，mIoU），显著优于现有方法。与单模态方法相比，LMFNet 在 mIoU 上提高了 10%，且仅增加了 0.5M 的参数量[25]。

1.3.3　典型的大模型

国外大模型的主要发布机构有 OpenAI、Anthropic、Google 及 Meta 等，这些模型参数规模以千亿级为主，也出现了一些万亿级的超大模型。

发展至今，国外的头部大模型主要有 4 个，如图 1-23 所示。

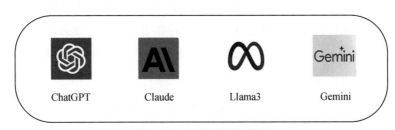

图1-23　国外头部大模型

（1）ChatGPT

ChatGPT 是由 OpenAI 研发的 AI 人工智能技术驱动的自然语言处理工具。它使用了 Transformer 神经网络架构，拥有语言理解和文本生成能力，可以通过连接大量的语料库来训练模型，这些语料库包含了真实世界中的对话，使得 ChatGPT 能够"上知天文下知地理"，还能根据聊天的上下文进行互动，生成高质量的回答，实现与真正人类几乎无异的对话交流。除了与人类进行交流外，ChatGPT 还具备完成多种复杂任务的能力。比如，它可以撰写邮件、视频脚本、文案、翻译、代码及学术论文等。

ChatGPT 是如今市面上火爆的对话 AI，也是最早"出圈"的 AI 大模型。这不仅是因为其强大的功能，更因为其在不同应用场景中的卓越表现。无论是在企业办公中提高效率，还是在创作领域提供灵感，ChatGPT 都展现出非凡的实用价值和广泛的适应性。此外，随着技术的不断进步和应用场景的扩展，ChatGPT 还在不断学习和优化，为用户提供越来越精准和个性化的服务，这使得它在全球范围内的受欢迎程度持续上升。

2024年5月14日，OpenAI还推出了ChatGPT桌面版应用程序。同年6月，苹果公司也在2024年度WWDC全球开发者大会上，正式宣布和OpenAI公司合作，未来将会在Siri中加入ChatGPT。

（2）Claude

Claude是由Anthropic开发的一种高级语言模型，在自然语言理解和生成方面取得了显著进展。凭借其广泛的训练数据和创新的算法，Claude在各种与语言相关的任务中脱颖而出，在某些方面与ChatGPT相媲美甚至超越了ChatGPT。

2023年11月，Anthropic宣布将加强与谷歌的合作伙伴关系，这一合作将进一步提升Claude的技术实力和市场影响力。同时，Anthropic还得到了亚马逊的支持，这意味着Claude将受益于亚马逊的云计算基础设施和资源，为其模型训练和部署提供更强大的支持。随着技术的不断发展，Claude不仅在语言生成和理解方面取得了突破，还在多个应用领域中展示了其广泛的适应性。例如，Claude在医疗、金融、法律等专业领域中的文本分析和处理能力，使其成为专业人士的重要辅助工具。此外，在客户服务、内容创作和教育等领域，Claude也展现出卓越的表现，为用户提供更智能和高效的解决方案。

Anthropic在研发Claude时，还注重了模型的安全性和伦理性，确保其在提供强大功能的同时，不会对用户造成潜在风险。随着Claude的不断进化和改进，它在全球范围内的应用和认可度也在持续上升。Anthropic通过与科技巨头的合作，致力于将Claude打造成下一代语言模型的标杆，推动人工智能技术的发展和应用，造福更多的行业和用户。2024年3月4日，Anthropic推出了最新的Claude 3大模型，包含性能由弱到强的Haiku、Sonnet和Opus 3种型号。Claude 3也是多模态大模型，具有强大的"视觉能力"，用户可以上传照片、图表、文档和其他类型的数据，并进行分析和提问。

（3）Llama 3

Llama 3是Meta AI（Facebook母公司）推出的开源大语言模型。在架构层面，Llama 3选择了标准的仅解码器式Transformer架构，采用包含128K token词汇表的分词器。Llama 3在Meta自制的两个24K GPU集群上进行预训练，使用了超过15T的公开数据，其中5%为非英文数据，涵盖30多种语言，训练数据量是前代Llama 2的7倍，包含的代码数量是Llama 2的4倍。

Llama 3真正的特点是它专门在公开可获得的数据集上进行训练，使其对研究人员和开发人员更加可用。Llama 3经过了广泛的测试和微调，以确保它的反应符合人类的偏好，并且不会泄露敏感信息。Llama 3已经在多种行业基准测试上展现了先进的性能，提供了包括改进的推理能力在内的新功能，是目前市场上效果很好的开源大模型。

2024 年 7 月，Meta 还宣布将要发布 Llama 3 的更新版本。新的 Llama 3 模型可以进行 8 种语言的对话，编写更高质量的计算机代码，并可以解决复杂的数学问题。该模型拥有 4 050 亿个参数，远远超过了 2023 年发布的先前版本，但仍小于竞争对手的领先模型。据报道，OpenAI 的 GPT–4 模型有 1 万亿个参数，亚马逊正在投资一个有 2 万亿个参数的模型。此外，Meta 还将继续发布拥有 80 亿个和 700 亿个参数的轻量级 Llama 3 新版本。

（4）Gemini

Gemini 是由谷歌在 2023 年 12 月 6 日发布的原生多模态大模型。Gemini 的原身是同样由谷歌发布的大模型 Bard。2023 年 3 月，谷歌推出 Bard，在全球大部分地区提供 40 多种语言版本。Bard 基于谷歌的 LaMDA 模型，后来升级为更强大的 PaLM 模型，可以帮助编写代码、调试和解释代码。最初在有限地区推出之后，Bard 于 2023 年 5 月扩展到了更多的国家。2024 年 2 月 8 日，谷歌宣布将聊天机器人 Bard 正式改名为 Gemini。

目前，大多数模型都通过训练单独的模块，然后将它们拼接在一起来近似多模态，无法在多模态空间进行深层次、复杂的推理。而 Gemini 最大亮点之一就是原生支持多模态，具有处理不同形式数据（语言＋听力＋视觉）的能力。因此，Gemini 可以泛化并无缝理解、操作和组合不同类型的信息，并且它的能力在几乎每个领域都很强。Gemini 可同时识别文本、图像、音频、视频和代码 5 种类型信息，还可以理解并生成主流编程语言（如 Python、Java、C++）的高质量代码，并拥有全面的安全性评估。它的首个版本为 Gemini 1.0，包括 3 个不同体量的模型，分别是用于处理"高度复杂任务"的 Gemini Ultra、用于处理多个任务的 Gemini Nano 和用于处理"终端上设备的特定任务"的 Gemini Pro。

同时，Google 也很注重安全性上的创新。通过制定积极主动的政策，并根据多模态能力的独特考虑因素进行调整，在 Gemini 中加入了对偏见和有害内容的全面评估，确保其多模态能力不会导致安全风险[26]。

除了这几个比较熟悉的模型之外，新的 GPT 大模型仍在不断出现。在这场全球参与的竞争中，我国紧跟步伐，也开发了许多大模型。包括科大讯飞的"星火"、腾讯的"混元"、阿里的"通义"、华为的"盘古"、百度的"文心"及中国移动的"九天"系列等。

2023 年 8 月 31 日，首批国产大模型产品陆续通过《生成式人工智能服务管理暂行办法》的备案，正式上线面向公众提供服务。与此同时，更多企业的大模型也在迅速布局和推出。数据显示，截至 2023 年 10 月，国内 10 亿个参数规模以上的大模型厂商及高校院所共计 254 家，意味着"百模大战"正从上一阶段的"生下来"走向"用起来"的新阶段。图 1–24 展示了目前国内外厂商开发的一些主要大模型。

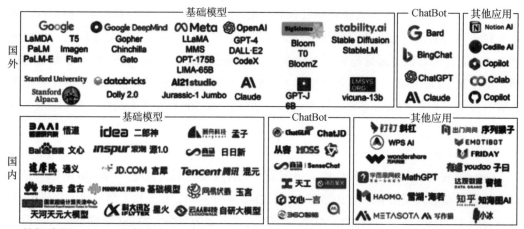

数据来源：InfoQ研究中心

图1-24　国内外各类大模型

　　此外，OpenAI 于 2024 年 2 月 18 日凌晨发布的新的文生视频大模型"Sora"，再次引起了轰动。Sora 是在 GPT 模型及图像生成模型 DALL-E 基础上开发而成的视频生成大模型，能够根据文本指令生成逼真或富有想象力的场景视频，展示了模拟物理世界的潜力。随着 Sora 的问世，视觉领域生成式人工智能达到了新的高度。如图 1-25 所示，通过相应的提示词，Sora 模型生成了一段戴墨镜女子走在东京街头的场景。

提示词：一位时尚女性走在东京街头，街道两旁是温暖发光的霓虹灯和动画城市标志。她穿着黑色皮夹克、红色长裙和黑色靴子，提着一个黑色钱包。她戴着太阳镜，涂着红色唇膏。她自信而随意地走着。街道潮湿而反光，形成彩色灯光的镜面效果。许多行人走来走去。

图1-25　Sora模型生成的视频场景

Sora模型采用了扩散模型技术，基于DALL·E 3的再标记技术，从类似静态噪声的帧开始，逐步通过多个步骤精细化视频内容。该技术能够生成高度描述性的视觉训练数据，从而准确地将文本指令转换为视频中的动作[27]。Sora模型架构如图1-26所示[28]。

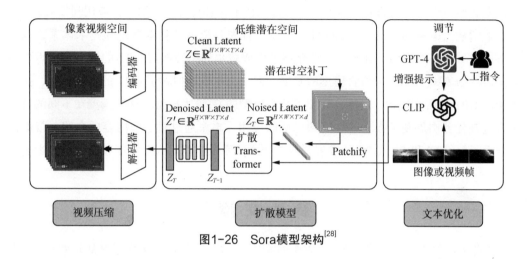

图1-26　Sora模型架构[28]

Sora模型还集成了视觉和文本信息，利用视觉–语言模型（如CLIP和Vision Transformer）实现文本到视频的生成。这种多模态整合使模型能够理解并生成复杂的多模态内容，提高了模型的应用广泛性和生成效果[29]。利用扩散模型，逐步将噪声转化为图像，Sora能够生成具有较高细节和质量的视频。在这个过程中，Sora使用U–Net架构，通过预测和减轻每一步的噪声来生成图像。

同时，Sora模型还集成了幻觉检测机制，以确保生成视频的真实性和一致性。该机制能够检测并校正文本到视频生成中的各种幻觉，包括提示一致性幻觉、静态幻觉和动态幻觉，增强了模型在生成高质量视频时的可靠性[29]。

Sora模型不仅能根据文本提示生成视频，还能对静态图像进行动画处理，或无缝填充视频中缺失的帧，增强视觉内容的流畅性和完整性。此能力表明Sora模型在模拟真实世界方面迈出了重要的一步，是通向通用人工智能（Artificial General Intelligence，AGI）的重要里程碑。然而，尽管Sora在视频生成方面取得了重要进展，它在模拟复杂场景的物理效果方面仍有改进的空间。例如，它可能无法准确模拟物体交互的物理变化，如食物的消耗或物体的空间细节[30]。

1.4　本章小结

总的来说，GPT 的出现，极大地推动了自然语言处理技术的进步和应用。通过先进的 Transformer 架构和大规模预训练方法，这些模型能够处理复杂的语言任务，并且在众多领域实现了突破性的进展。随着技术的不断演进和优化，GPT 及其衍生技术将继续影响和改变我们与机器互动的方式，推动人工智能技术在各行各业中的广泛应用和发展。

本章从大家最熟悉的"ChatGPT"出发，首先介绍了其基本概念和技术体系，以及在不同领域的典型应用。其次，本章介绍了生成式预训练转换器 GPT 的含义和最重要的 Transformer 架构，以及大语言模型的发展。此外，本章还回顾了 GPT 的发展历程，探讨了当前 GPT 的研究现状。最后，介绍了几个典型的 GPT 大模型，这些模型在不同的自然语言处理任务中展现了强大的性能和广泛的应用。本章通过对这些内容的介绍，帮助读者全面了解 GPT 和 ChatGPT 的发展背景、技术体系及它们对人工智能领域的重要影响。

参 考 文 献

[1] 刘禹良，李鸿亮，白翔，等. 浅析 ChatGPT：历史沿革，应用现状及前景展望[J]. 中国图象图形学报，2023，28(4): 893-902.

[2] Roumeliotis K I, Tselikas N D. ChatGPT and Open-AI models: A preliminary review[J]. Future Internet, 2023, 15(6): 192.

[3] Vaswani A, Shazeer N, Parmar N, et al. Attention is all you need[J]. arXiv preprint arXiv: 1706.03762, 2017.

[4] 陈德光，马金林，马自萍，等. 自然语言处理预训练技术综述[J]. Journal of Frontiers of Computer Science & Technology, 2021, 15(8).

[5] 李耕，王梓烁，何相腾，等. 从ChatGPT到多模态大模型：现状与未来[J]. 中国科学基金，2023，37(5): 724-734.

[6] Prottasha N J, Sami A A, Kowsher M, et al. Transfer learning for sentiment analysis using BERT based supervised fine-tuning[J]. Sensors, 2022, 22(11): 4157.

[7] Bai Y, Jones A, Ndousse K, et al. Training a helpful and harmless assistant with reinforcement learning from human feedback[J]. arXiv preprint arXiv:2204.05862, 2022.

[8] Gao L, Schulman J, Hilton J. Scaling laws for reward model overoptimization[C]// International Conference on Machine Learning. PMLR, 2023: 10835-10866.

[9] Schulman J, Wolski F, Dhariwal P, et al. Proximal policy optimization algorithms[J]. arXiv preprint arXiv:1707.06347, 2017.

[10]Devlin J, Chang M W, Lee K, et al. Bert: Pre-training of deep bidirectional transformers for language understanding[J]. arXiv preprint arXiv:1810.04805, 2018.

[11]Radford A, Narasimhan K, Salimans T, et al. Improving language understanding by generative pre-training. 2018, https://cdn.openai.com.

[12]Radford A, Wu J, Child R, et al. Language models are unsupervised multitask learners. OpenAI blog, 2019, https://cdn.openai.com/better-language-models.

[13]Brown T, Mann B, Ryder N, et al. Language models are few-shot learners[J]. arXiv preprint arXiv:2005.14165, 2020.

[14]Ouyang L, Wu J, Jiang X, et al. Training language models to follow instructions with human feedback[J]. Neural Information Processing Systems, 2022, 35: 27730-27744.

[15]Li D, Murr L. HumanEval on Latest GPT Models—2024[J]. arXiv preprint arXiv:2402.14852, 2024.

[16]Liu Z, Ping W, Roy R, et al. ChatQA: Building GPT-4 level conversational QA models[J]. arXiv preprint arXiv:2401.10225, 2024.

[17]GT Staff Reporters. Technical gap between China's AI large models with GPT-4 is narrowing: expert. Global Times Annual Conference, December 23, 2023. [Online]. Available: https://www.globaltimes.cn/page/202312/1304189.shtml.

[18]Sonoda Y, Kurokawa R, Nakamura Y, et al. Diagnostic performances of GPT-4o, Claude 3 Opus, and Gemini 1.5 Pro in "Diagnosis Please" cases[J]. Japanese Journal of Radiology, 2024: 1-5.

[19]Zhao W X, Zhou K, Li J, et al. A survey of large language models[J]. arXiv preprint arXiv:2303.18223, 2023.

[20]Yang J, Jin H, Tang R, et al. Harnessing the power of LLMs in practice: A survey on ChatGPT and beyond[J]. arXiv preprint arXiv:2304.13712, 2023.

[21]State of AI Report 2023. 2023, https://www.stateof.ai.

[22]Zhang Y, Gong K, Zhang K, et al. Meta-transformer: A unified framework for multimodal learning[J]. arXiv preprint arXiv:2307.10802, 2023.

[23]Waligora P, Zeeshan O, Aslam H, et al. Joint multimodal transformer for dimensional emotional recognition in the wild[J]. arXiv preprint arXiv:2403.10488, 2024.

[24]Wang A J, Li L, Lin K Q, et al. COSMO: Contrastive streamlined multimodal model with interleaved pre-training[J]. arXiv preprint arXiv:2401.00849, 2024.

[25]Wang T, Chen G, Zhang X, et al. LMFNet: An Efficient Multimodal Fusion Approach for Semantic Segmentation in High-Resolution Remote Sensing[J]. arXiv preprint arXiv:2404.13659, 2024.

[26]AZHAR A. Google Launches Gemini, Its Largest and Most Capable AI Model[EB/OL] // AIwire. (2023-12-07)[2024-09-15]. https://www.aiwire.net/2023/12/07/googlelaunchesgemini/.

[27]Video generation models as world simulators | OpenAI[EB/OL]. [2024-09-15]. https://openai.com/index/video-generation-models-as-world-simulators/.

[28]Liu Y, Zhang K, Li Y, et al. Sora: A review on background, technology, limitations, and opportunities of large vision models[J]. arXiv preprint arXiv:2402.17177, 2024.

[29]Chu Z, Zhang L, Sun Y, et al. Sora Detector: A Unified Hallucination Detection for Large Text-to-Video Models[J]. arXiv preprint arXiv:2405.04180, 2024.

[30]Synced:AI technology & industry review[EB/OL]. [2024-09-15]. https://syncedreview.com/.

第 **2** 章

GPT 催生通信新应用与新变革

第 1 章介绍了 GPT 的概念、发展历程和研究现状等内容。可以看出，GPT 已被应用于众多领域，成为经济社会发展中重要的变革技术与关键力量。同时，GPT 也将为全球产业带来巨大飞跃和突破式发展。

当前，GPT 已经实现了人与机器之间以多种形式进行沟通的功能，接近甚至超越了人与人之间以文本方式聊天的体验，这与通信行业支撑人们进行多种多样交流的作用相似。AI 应用在通信行业的落地，为信息通信基础设施的建设和运营开拓了新方案。作为 AI 发展的新高度，GPT 引发的 AI 即服务拥有更大的业务空间，能为通信行业的创新提供广阔的舞台。GPT 如何赋能通信行业应用，通信行业如何保障 GPT 落地，这是通信从业者必须思考和回答的问题。

2.1　GPT赋能多元化通信新应用

GPT 的多元化崭新应用，为千行百业的发展带来了新的想象空间，也为通信行业带来了新的机遇和挑战。GPT 的出现改变了传统的通信模式和应用场景，它突破了人与机器交互的界限，提供了更加智能、便利和个性化的通信体验，极大地提高了信息交互能力和行业应用能力。

GPT 可作为工具来改进信息通信的服务能力。首先，它在自然语言上的强大能力可用于提升智能客服、智慧运营和欺诈监测等运营服务功能，通信网络的海量数据可用来训练通信网络大模型。其次，GPT 在自然语言上的成功，促进了语音、视觉等多模态数据技术的发展，这将为通信领域千行百业的数字化转型提供重要工具。最后，GPT 类大模型的运行和服务对算力和网络有着较高的要求，这会在一定程度上促进算网融合的建设，为更多大模型服务在通信行业落地和普及创造条件。

通过训练海量数据，GPT 具备不断提升的上下文语义理解与交互能力，在众多应用场景中展现出无限潜力。目前，GPT 的应用主要集中在文本、图片、音频、视频及多模态内容的生成上，在摄影、游戏和传媒等领域的应用，通常是在这些基本应用的基础上，再进行定制化的开发或训练。例如，文本生成和分析[1]、软件测试[2][3]、领域专业聊天机器人[4]等，如图 2-1 所示。

下面将重点介绍 GPT 在通信行业的一些创新应用，包括智能客服、自动化仿真、重塑芯片设计及增强语义通信，从而彰显 GPT 对通信细分领域的改革与推进作用。我们期待 GPT 的飞速发展能够促进人工智能与通信产业的深度融合，加速构建下一代信息基础设施，助力经济社会的数字化转型。

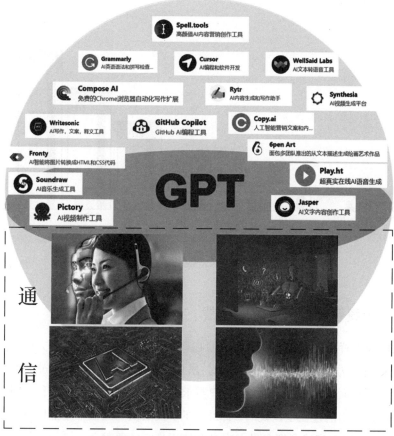

图2-1 GPT在通信领域的崭新应用

2.2 智能客服

在通信行业中，智能客服系统作为连接运营商与客户的重要桥梁，一直承载着提升客户体验、优化服务流程的重任，并且随着人工智能、物联网、大数据的发展，我国智能客服行业迎来发展机遇。根据中商产业研究院发布的《2023年中国智能客服市场前景及投资机会研究报告》显示，2022年中国智能客服行业市场规模达到66.8亿元，2019—2022年的年均复合增长率为52.66%，如图2-2所示。2023年中国智能客服市场规模也达到了86.9亿元。根据分析师预测，2024年市场规模将达到95.0亿元。

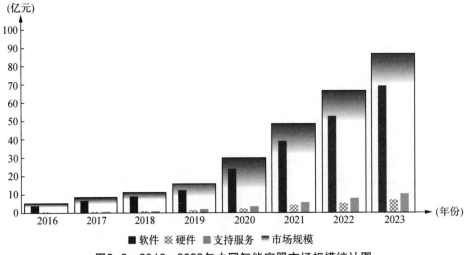

图2-2　2016—2023年中国智能客服市场规模统计图

2.2.1　传统智能客服面临的挑战

在过去的技术背景下，智能客服系统面临着一系列挑战和限制。一方面，传统的智能客服系统在理解能力上存在局限性。首先，虽然传统智能客服可以通过关键词快速检索和匹配答案，但在面对复杂、个性化的客户需求时，其单一的匹配方式往往难以捕捉到客户的真实意图，给出的往往是预设的、标准化的、浅层次的反馈，不能回答客户的个性化问题[5]。其次，客户的表述习惯各异，未必会使用特定的关键词，这使得传统智能客服在理解客户的情感和诉求时显得力不从心。最后，在与客户交流的过程中，情感交流也是不可或缺的部分。然而传统的智能客服系统往往缺乏情感识别能力，难以准确捕捉客户的情绪变化，从而无法给出更加贴心、个性化的回应。

另一方面，智能客服系统还面临着渠道整合和数据共享的挑战。在过去，各渠道的客服系统是独立运行的，数据整合难度大，导致客户在不同渠道上获得的服务体验不一致。客户可能需要在微信公众号、小程序或微博等多个平台上重复咨询相同的问题，这不仅浪费了客户的时间，也增加了运营商的运营成本。

然而，随着技术的不断发展，尤其是GPT等先进技术的出现，为智能客服系统的升级提供了新的机遇。GPT通过深度学习和自然语言处理技术，能够更准确地理解客户的意图和需求，具备强大的情感识别能力。同时，GPT还可以实现跨渠道的整合和统一管理，使得客户在不同渠道上获得的服务体验更加一致和高效。

2.2.2　增强语义理解与情感识别

GPT 模型不仅具备强大的文本生成能力，更重要的是，它能够在一定程度上"理解"用户的意图和需求。GPT 可以利用互联网的可用数据训练文本生成模型，并通过对该模型的训练，提供更准确、更个性化的服务，满足人与机器、机器与人之间的语言、文本交互能力。在一定程度上，GPT 的智慧化水平更符合我们对"对话机器人"的期待——它可以准确地识别用户提问的主题和关键词，识别用户的情感状态，理解用户的需求，提供更准确、更个性化的服务，给出更合适的回答或解决方案，而不是仅仅因为触发一个关键词，就抛出一个早就被设定好的、万年不变的"固定答案"。

除了语义理解，GPT 在情感识别方面也表现出色。在智能客服系统中，情感交流是至关重要的。用户可能会因为各种问题而产生不同的情绪反应，如高兴、生气、失望等。GPT 模型通过训练带有情感标签的文本数据，学会了如何识别文本中的情感色彩并给出相应的情感回应。这种情感回应方式能够增强客户与企业之间的情感联系，提高客户的满意度和忠诚度。

GPT 模型中的自然语言理解模块通常采用深度学习算法来实现其功能。典型的算法包括循环神经网络、长短时记忆网络，以及目前备受关注的 BERT 等模型[6]。这些算法不仅可以令智能客服系统具备强大的文本生成能力，还能够在一定程度上理解文本中的情感信息。

通过与用户的对话，GPT 能够积累大量的客户数据。这些数据包括用户的提问、回答、行为偏好等，为企业提供了丰富的市场洞察和决策支持。通过分析这些数据，企业可以深入了解客户需求和行为习惯，从而优化产品设计、改进营销策略、提升服务质量。

此外，GPT 模型还可以与其他技术相结合，进一步提升智能客服系统的性能和功能。例如，结合语音识别技术，GPT 可以实现语音转文本的功能，使用户可以通过语音与智能客服系统进行交互，为不熟悉或不便使用文本输入的用户（如老年人、残障人士等）提供一个更加便捷和友好的沟通方式。同时，结合自然语言生成技术，GPT 可以适应不同的场景和语境，生成更加自然、流畅且易于理解的回答和解释，提高用户的体验和满意度。

2.2.3　增强跨渠道整合与统一管理

在通信行业中，用户与客服的交互方式日趋多样化，包括电话、短信、电子邮件、网站聊天窗口等。然而，传统的客服系统往往难以实现跨渠道的整合和统一管理，这导致用户在不同渠道上获得的服务体验参差不齐。为了解决这个问题，GPT 模型凭借其卓越的自然语言处理能力，为智能客服系统带来了跨渠道整合与统一管理的可能性。

　　GPT 模型支持多渠道的输入和输出方式，使得智能客服系统能够轻松实现跨渠道的整合。无论用户选择哪种方式与客服系统交互，GPT 都能够准确理解用户的意图，并将其转化为统一的格式进行处理，工作流程如图 2-3 所示。这意味着，无论是通过电话、短信还是社交媒体，用户都能够获得一致、连贯的服务体验。

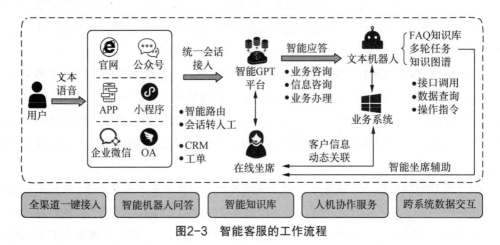

图2-3　智能客服的工作流程

　　这种跨渠道整合的实现，不仅提高了用户的服务体验，还降低了企业的运营成本。企业无须为不同的渠道配备不同的客服团队，而是可以通过一个统一的智能客服系统来处理所有渠道的咨询和投诉。这大大提高了工作效率，降低了人力成本。

　　跨渠道整合和统一管理还能够帮助企业更好地应对突发事件和危机。在紧急情况下，企业可以迅速通过智能客服系统向用户发布相关信息和解决方案，确保用户能够及时获得帮助和支持。这种快速响应能力，能够减轻用户的疑虑和恐慌情绪，维护企业的品牌形象和声誉。

2.3　自动化仿真

　　在当今日新月异的科技发展中，自动化仿真技术已成为科研、工程及工业领域中不可或缺的工具。尤其在复杂系统的模拟、优化和验证过程中，自动化仿真技术以其高效、准确和可重复的特点，为研究人员提供了极大的便利。

然而，传统的仿真工作流程往往依赖于大量的手动操作和参数设置，这不仅增加了工作负担，还容易引入人为错误。近年来，人工智能技术的快速发展，特别是深度学习技术在 NLP 领域的突破及大模型的出现，为自动化仿真带来了新的机遇。GPT 作为一种先进的 NLP 模型，其强大的语言理解和生成能力，也为自动化仿真提供了新的方法。

2.3.1　重构实验流程

　　GPT 可以重构实验流程，为实现自动化仿真创造条件。GPT 能够在大量文本数据上进行预训练，并根据上下文提示进行泛化。如图 2-4 所示，与传统的仿真工作流程相比，GPT 具有独特的优势。它不需要每次改变模拟设置参数、底层机器学习算法或数据格式。用户只需要通过自然语言输入提供与预定义架构相关的参数，在对创建的模型进行解析后将其插入 GPT 准备好的模板中，最后通过 GPT 实现自动化仿真。这种方式不仅简化了操作流程，还降低了错误率，提高了仿真实验的质量和效率。

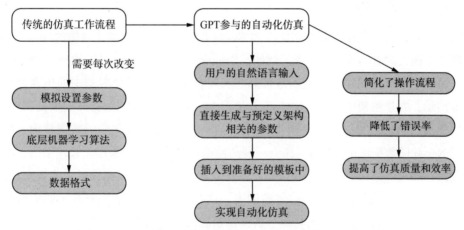

图2-4　传统的仿真流程与GPT参与的自动化仿真流程的对比

　　在自动化仿真中，GPT 可以发挥多种作用。首先，在仿真设计阶段，GPT 可以帮助设计师快速设计原型，从而使开发团队和相关人员更好地理解系统的工作流程和功能，提前发现问题和改进需求，如图 2-5 所示。设计师可以将自然语言描述作为输入，利用 GPT 生成相应的交互原型。这种方式避免了手动构建的烦琐，提高了原型的质量和准确性。同时，GPT 还可以根据用户的反馈和实际需求，对原型进行进一步优化，从而更快地满足用户的需求。

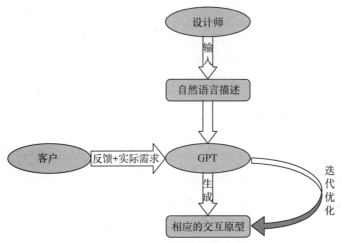

图2-5　GPT帮助设计师快速设计原型

2.3.2　模拟参数分析

　　GPT 还可以与图数据库管理系统（如 Neo4j）结合，实现自动化数据的导入、图构建和机器学习相关的查询等多个步骤。例如，Dragana Krstic 等人[7] 提出的基于 ChatGPT 的框架，可用于移动网络中的信道容量计算，实现自动化无线网络规划中的仿真过程，如图 2-6 所示。在该框架中，ChatGPT 基于对话 Agent 和 Neo4j 图数据库的模型驱动方法，帮助用户通过自然语言描述提供相关的数据，自动解析并生成相应的数据结构，然后将其导入 Neo4j 图数据库中。Neo4j 作为一种高性能和可扩展的图数据库管理系统，能够高效地存储和处理图结构的数据。在数据导入完成后，ChatGPT 根据预定义的规则和模板，自动构建出相应的网络拓扑图和信道模型图。这些图模型不仅能够直观地展示网络的结构和连接关系，还能够为后续的仿真分析提供重要的数据支持。

图2-6　GPT帮助进行信道容量分析实验

具体来说，在仿真实验中，参数的设置往往是一个烦琐且容易出错的过程。通过GPT，用户可以通过自然语言描述自己的需求，GPT能够自动解析这些描述，并生成与预定义架构相关的参数。例如，在模拟一个物流系统的实验中，用户只需要告诉GPT"我需要模拟一个包含10个仓库和50辆运输车的物流系统"，GPT就能够自动生成相关的参数设置，如仓库的位置与容量、运输车的数量与速度等。

在仿真设计阶段，原型的设计是一个关键的步骤。通过GPT，设计师可以将自己的设计理念用自然语言描述出来，然后让GPT生成相应的交互原型。这种方式不仅提高了设计效率，还能够让设计师更加专注于产品的功能和用户体验。

在仿真进行阶段，GPT可以辅助开发者完成常规的代码编写工作，根据开发者的自然语言描述生成相应的仿真代码。例如，开发者只需要告诉GPT"我需要实现一个能够计算两个数之和的函数"，GPT就能够自动生成相应的代码。这种方式不仅可以提高开发效率，还可以降低开发难度和错误率。

仿真实验完成后，往往需要对实验数据进行深入的分析，并生成相应的报告。在数据分析阶段，通过将GPT与图数据库管理系统结合，可以实现自动化数据分析与报告生成。GPT可以根据用户的需求和设定，自动运行仿真分析程序，并生成直观的图表、表格和文本报告。这种方式不仅提高了数据分析的效率，还使得仿真结果更加易于理解和传播。

2.3.3　实现智能编程

此外，GPT在自动化编程方面也表现出色。GPT不仅能够辅助开发者完成常规的代码编写工作，还可以通过机器学习和自然语言处理技术，实现智能编程。GPT能够理解开发者的意图，根据自然语言描述生成代码，并实现更加高级和复杂的功能，如图2-7所示。这种方式不仅可以提高开发效率，还可以降低开发的难度和错误率。

以OpenAI Codex为例，它是一个旨在将自然语言转化为代码的人工智能系统。Codex基于GPT-3模型构建，支持Python等多种语言，旨在通过将口头或键入的指令翻译为可执行代码来促进更直观的编码过程，此功能使开发人员（包括那些没有深厚编程专业知识的开发人员）能够更直观、更高效地构建软件。该系统为GitHub Copilot提供支持，通过建议行或整个函数来协助编码，使得编程更易于访问并更加高效。

总之，GPT技术的融合为自动化仿真开辟了新天地，它极大地提升了交互的自然性和操作的自动化程度，使得从设计到执行，再到分析和报告的整个仿真过程更加高效和精确。而随着技术的不断进步，GPT也将作为科研人员和工程师强大的工具，为解决更复杂的科学和工程问题提供可能，进而引发深远的创新和变革。

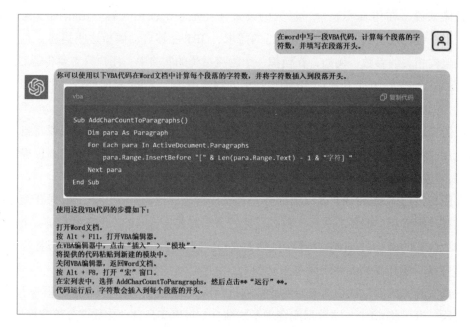

图2-7　GPT进行自动化编程

2.4　重塑芯片设计领域

在通信领域，芯片设计起着至关重要的作用，可以说是通信技术发展的关键驱动力。芯片设计可以实现对各种通信协议的支持，例如以太网、无线通信、蓝牙、长期演进技术（Long Term Evolution，LTE）等，从而支持设备之间的通信和数据传输；芯片设计可以提供专门的硬件加速器、编解码器和信号处理器等，以支持高效的多媒体数据处理和传输。无线通信芯片拥有射频前端、调制解调器、功率放大器等功能，用于实现无线信号的收发和调制解调；芯片设计可以提供硬件安全功能，用于数据加密、身份认证和安全通信等，保护通信系统免受恶意攻击和数据泄露。

随着 AI 技术的不断进步，GPT 等模型在芯片设计领域的应用也在不断拓展。2023 年9 月，纽约大学 Tandon 工程学院的研究人员[8]利用 OpenAI 的 GPT-4 模型，成功设计出了一个芯片，如图 2-8 所示，这标志着 AI 在硬件设计领域的重大突破。GPT-4 通过简单的英语对话，生成了可行的硬件描述语言（Hardware Description Language，HDL）代码，然后将基准测试和处理器发送到 Skywater 130 nm 穿梭机上成功流片。可以说 GPT-4 在芯片设计中的应用是 AI 在硬件设计领域的一次重大突破。

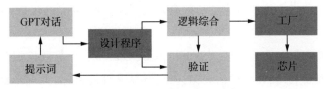

图2-8　GPT在芯片设计中的应用

2.4.1　优化设计流程

首先，GPT 可以提升芯片设计的自动化能力，提高设计效率。例如，Synopsys 公司的博客提到，随着芯片设计将更加以软件为中心，以及 ChatGPT 等 AI 技术的兴起，GPT 技术将改变芯片的设计流程，推动更多 AI 硬件创新，为芯片的设计创造无限可能[9]。传统的芯片设计流程需要大量的人力和时间投入，而 GPT 的引入可以显著提高设计效率。通过利用 GPT 等大语言模型，设计人员可以更快速、更准确地生成芯片设计的关键组件，如寄存器传输级代码（Register Transfer Level Code，RTL）、验证环境等。这不仅可以减少设计时间，还能降低出错的风险。Synopsys 公司是全球最大的电子设计自动化（Electronic Design Automation，EDA）软件供应商之一，他们推出了业界首款全栈 AI 电子设计自动化工具套件 Synopsys.ai，将人工智能技术应用于芯片设计的各个环节[10]。

（1）更快交付、更优架构

Synopsys DSO.ai（Synopsys.ai 的一部分）利用强化学习技术在设计空间中寻找优化目标，显著缩短了优化周期。通过探索几乎无限的设计选择，AI 可以在数周内识别出性能、功耗和面积的优化组合，而传统方法可能需要数月的时间。这样，设计团队可以更快地交付更优的架构，提高设计效率。

（2）加速 IP 验证

如今，验证 IP 的常用方法是让设计人员创建一个反映其验证策略的测试基准。然后，借助传统模拟器，使用常规模拟技术（例如约束随机模拟）模拟该测试基准。更快地实现给定 IP 的高目标覆盖率是一项挑战，Synopsys VSO.ai 可以解决这一挑战。

Synopsys VSO.ai 通过 AI 驱动的验证技术，提高了 IP 验证的效率。使用传统的人机交互技术已经难以满足越来越复杂的设计需求，而 AI 驱动的验证技术可以显著减少功能覆盖空洞，提升的验证生产力高达 30%。

（3）快速完成布局和布线

虽然现代 EDA 工具简化了芯片开发，但仍然需要熟练的人类工程师利用经验来高效地实现芯片布局、放置和布线，以创建高效的设计。因此，在许多情况下，他们实施的可能不是在特定生产节点上制造特定芯片的有效的方法，而 Synopsys DSO.ai 平台可以解决这一挑战。

在芯片设计的布局和布线阶段，Synopsys DSO.ai 平台不需要模拟芯片布局和布线的所有可能方式，而是利用 AI 来评估架构选择、功率和性能目标、几何形状的所有组合，然后模拟几个不同的布局，以在很短的时间内找到符合所需性能、功率、面积和成本组合的布局。在这一过程中，GPU 加速技术显著提升了模拟速度，尤其适用于大规模电路设计，如存储器等。

（4）测试和硅生命周期管理

芯片实现并生产后，芯片设计人员需要验证一切是否正常工作，这个过程有点类似于 IP 验证。这需要将芯片插入测试设备，并运行特定的测试模式以确认芯片运行正常。因此，测试 SoC 或实际系统所需的模式数量是产品工程部门的主要关注点。

在测试和硅生命周期管理方面，Synopsys.ai 通过生成优化的测试模式，减少了所需的测试模式数量，提高了测试效率。如图 2-9 所示，Synopsys.ai 可以帮助半导体公司生成合适的测试模式，减少 20% ~ 30% 的测试时间，然后使用相同的测试序列测试所有的量产芯片，以确保它们正常运行，降低检测成本。

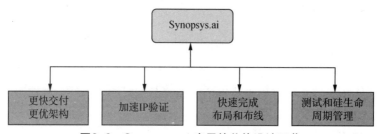

图2-9　Synopsys.ai 应用的芯片设计环节

2.4.2　辅助自动设计

GPT 还可以辅助和优化芯片的自动设计，提高芯片性能。例如，Cadence 作为全球 EDA 行业的领导企业，在业内第一个推出了全面的"芯片到系统"AI 驱动的 EDA 工具平台 Cadence JedAI Platform，包括 Verisium 验证、Cerebrus 物理实现、Optimality 系统优化、Allegro X AI 系统设计及 Virtuoso Studio 模拟开发设计等 5 大平台和分别对应的 AI 加持的 EDA 工具，如图 2-10 所示。

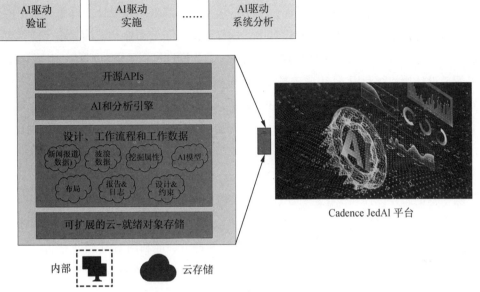

图2-10 Cadence推出的Allegro X AI工具

其中，Allegro X AI 技术利用云端的扩展性来实现物理设计的自动化，在提供 PCB 生成式设计的同时，还可确保设计在电气方面的准确无误，并可用于制造。这项新技术可自动执行器件摆放、金属镀覆和关键网络布线，并集成了快速信号完整性和电源完整性分析功能。使用生成式 AI 功能，客户可以简化自己的系统设计流程，将 PCB 设计周转时间缩短了 90% 以上。

随着技术的发展，EDA 工具需更快地响应新需求，需要更进一步智能化，实现多运算、多引擎才能加快芯片的迭代速度，支撑半导体业向后摩尔时代发展。而通过 Cadence 的 JedAI 平台，设计流程可从大量数据中通过自主学习，不断优化，进而最终减少设计人员的人工决策时间，大幅提升生产力。

一旦创建了芯片的 HDL 描述的初稿，工程师就可以使用大模型进行需求分析、验证设计与规格、探索和纠正问题、提示分析任务，并接收自然语言的解释。他们可以进行规范审查、代码审查、测试审查和变更管理审查。这可以节省数百小时的个人工程时间，以及数百次用于规范和代码审查的小组会议时间，删除之前在回归验证过程中发现的许多错误[11]，这对于日益复杂的芯片设计而言尤为重要。GPT 在芯片设计领域的应用还体现在设计知识的传承和共享方面。芯片设计是一个知识密集型的领域，设计经验的积累和传承对于提高设计效率至关重要。而GPT等大语言模型可以通过学习大量的设计文档、代码等数据，自动总结和提炼设计知识，形成知识库。这种知识的传承和共享方式有望显著提高芯片设计的效率和质量。此外，GPT的应用可以降低芯片设计的门槛。GPT的应用使得非专家也能参与到复杂的芯片设计中，这样就降低了对专业知识的需求，使得更多的创新者能够进入这一领域。再者，GPT可以减少芯片设计过程的资源消耗。例如，Efabless的开源硅设计挑战赛利用AI生成工具，使得全球的设计者都可以提交芯片设计，推动了设计资源的平等化和知识的共享。借助GPT赋能，未来可能会出现面向通用用户的"码芯"云平台，用户仅需输入自然语言需求即可生成定制硬件，从而推动芯片设计的民主化进程。

2.4.3 提高验证效率

除了辅助芯片设计和优化之外，GPT还可以应用于芯片的验证和测试。GPT在芯片前端设计中的一个重要应用是自动化设计验证。芯片验证是确保设计正确性的关键环节，传统的验证方法需要编写大量的测试用例，非常耗时耗力。而利用GPT等大语言模型，可以自动生成高质量的验证用例，进行根本原因分析（Root Cause Analysis，RCA）显著提高验证效率。

例如，新思科技的VCS仿真器使用人工智能和机器学习（Machine Learning，ML）提供了智能覆盖优化功能，能够增强激励的多样性、暴露测试平台的错误，提高覆盖率。通过在GPU上训练和部署GPT模型，不仅可以实现高效全面的验证激励生成[12]，加速验证过程，还可以提高验证的覆盖率，降低芯片设计的风险，如图2-11所示。

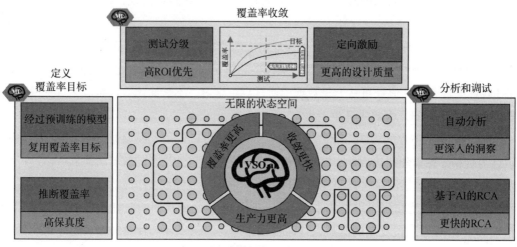

图2-11　在仿真中使用AI/ML后实现的覆盖率改进

GPT还有望推动芯片设计的创新。传统的芯片设计往往受限于既有的设计模式和经验，而GPT可以打破这些限制，探索全新的设计可能性。通过对大量设计数据的学习，GPT可以发现隐藏的设计模式和规律，并且可以自主尝试各种设计方案，找到最优的解决方案。这种创新能力可以帮助芯片设计突破瓶颈，实现性能、功耗等方面的重大突破。同时，GPT驱动的设计创新也可以加速新技术的应用和产业化，推动半导体行业的持续发展。

尽管GPT在芯片设计中展现了巨大的潜力，但其应用仍面临着一些挑战和限制。首先，芯片设计涉及大量的专业知识和复杂的约束条件，这对AI系统的理解和建模能力提出了很高的要求。目前的GPT模型在处理一些高度专业化的任务时还存在局限性，需要大量的领域数据和专家知识来进行微调。其次，芯片设计流程中的许多步骤如物理设计、时序分析等对计算资源要求很高，完全依赖AI自动化还有一定困难。再次，出于IP保护等考虑，许多芯片公司不愿意共享设计数据，这限制了AI模型的训练和应用。最后，AI生成的设计结果的可解释性和可信度还有待提高，设计者很难完全信任"黑盒"系统。克服这些挑战需要电子设计自动化（Electronic Design Automation，EDA）厂商、芯片公司、科研机构的共同努力。

展望未来，GPT在芯片设计领域的应用将不断深入，成为驱动EDA创新的重要力量。以下是一些值得关注的发展趋势。

（1）GPT与传统EDA工具的深度融合。未来的EDA平台将广泛采用GPT模型，但不会完全取代传统的算法和启发式方法，而是与之协同工作，发挥各自的优势。设计者将在AI的辅助下更高效地完成各项设计任务。

（2）数据驱动的设计方法。随着AI技术的普及，芯片设计将从经验驱动转向数据驱动。通过挖掘大量的设计数据，GPT可以发现隐藏的设计模式和最佳实践，供设计者参考和复用。这种方法将显著提高设计效率和成功率。

（3）知识的自动化获取和应用。未来的AI系统可以通过自然语言处理等技术，自动从设计文档、论坛讨论等非结构化数据中提取和总结设计知识，形成知识库。设计者可以通过智能问答等方式与知识库交互，获得所需的设计指导。

总的来说，GPT在芯片设计领域的应用，将显著提升设计效率、降低成本、促进创新，为半导体行业带来巨大的经济效益。可以说，GPT正在重塑芯片设计的未来，并为行业带来新的发展机遇。

2.5　增强语义通信

随着第六代（The Sixth Generation，6G）移动通信系统与物联网等新型网络技术的发展，万物智能互联成为时代所趋，语义通信（Semantic Communications，SemCom）有望成为未来通信网络的核心范式。然而，现有的 SemCom 受到缺乏上下文推理能力和背景知识的限制，同时，语义模型训练及语义知识图谱的构建将消耗巨大的时间与计算资源。因此，提升模型的训练效率、降低模型的训练成本、实现模型在网络中高效传输和部署是 SemCom 的重要基础，也是研究者面临的关键挑战。引入 GPT 相关技术，可以对输入进行语义理解和表示学习，并完成语义匹配任务。

当 GPT 与 SemCom 结合时，可以在许多方面带来显著的好处，尤其是在提高 SemCom 训练效率、增强语义上下文推理能力和提升频谱资源利用率这 3 个方面[13]。

2.5.1 提高 SemCom 训练效率

GPT 模型的引入可以显著加快 SemCom 系统的训练过程。由于 GPT 模型已经在大量数据上进行了预训练，其已经掌握了丰富的语言知识和模式识别能力。这使得 GPT 在面对新任务时能够快速适应，而无须从零开始训练。具体来说，GPT 模型可以通过对少量的特定任务数据进行微调，从而在短时间内实现高效的系统训练。

关键词的提取与目标的识别是 SemCom 的核心，GPT 在这方面显示了强大的能力。它可以从长篇内容中提炼出核心关键词，并根据这些关键词识别通信的具体目标。例如，假设一位用户打算讨论其即将到来的家庭聚会，大模型可以从对话中识别出与该事件相关的关键词和目标，如家庭成员的名字、聚会日期和地点，以及可能讨论的活动。然后，模型可以利用这些信息来帮助用户整理和优化邀请函或活动安排提案，确保所有重要的细节都被包含且表达清楚。这样的处理不仅减少了通信所需的资源，还降低了对快速响应的需求。图 2-12 展示了 GPT 提取关键词的过程。

此外，由于 GPT 模型在预训练阶段已经涵盖了广泛的语料库，微调过程中所需的数据量和迭代次数就可以大幅减少。这不仅减少了训练时间，还降低了对计算资源的需求。这样，SemCom 系统的部署和更新将更加高效和经济，能够迅速响应和适应新的通信需求和环境变化。

再者，预训练模型在大量多样化的数据上进行训练，能够捕捉到广泛的语义和语言结构。这使得 GPT 在处理不同语境和任务时具备更强的泛化能力，从而提升语义 SemCom 在各种复杂通信场景下的表现。

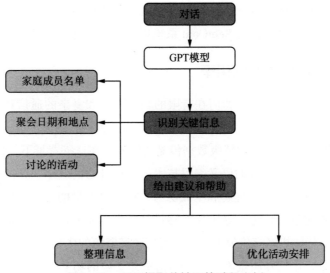

图2-12　GPT提取关键词的过程实例

2.5.2　增强语义上下文推理

GPT的深层语义理解能力可以显著提升SemCom系统处理复杂交流情景的能力。GPT模型具有强大的深层语义理解能力，能够捕捉文本中的细微差别和复杂关系。这使得SemCom系统在处理复杂的交流情景时，可以更准确地理解和推理用户的意图及上下文环境。例如，在多轮对话中，GPT可以通过分析前几轮对话的内容，推断出用户的真实需求，从而提供更精确的响应。

从技术层面上，GPT作为提供背景知识的有力工具，可分为全局知识和个性化知识两大类。全局知识涵盖了公共信息，如书籍、文章和视频内容，而个性化知识则关联到用户个人的信息，比如语言使用习惯和沟通风格。借助于深度的预训练，GPT能够迅速地从网络中检索到全局知识，并将其储存，确保信息在通信双方间的一致性。更重要的是，这种人工智能生成的全局知识保证了任何一对通信方之间的信息一致性，从而确保了SemCom中的知识对等。在个性化知识方面，GPT能在语义通信的准备阶段，通过分析用户与其的互动，收集并学习用户的偏好，进而提供更加定制化的服务。

此外，通过对历史交流数据的分析，GPT可以识别出特定用户的沟通习惯和偏好，从而在语义编码和解码过程中提供个性化的语义信息。这种个性化处理能够显著提升通信的效果和用户体验，使得 SemCom 系统更加智能和人性化。通过理解和推理用户的意图及上下文环境，GPT 可以帮助 SemCom 系统更准确地解析和响应用户的需求。

2.5.3 提升频谱资源利用率

随着通信技术的不断发展，如何在有限的频谱资源和复杂的通信环境下提高数据的传输效率，成为一个重要的研究方向。SemCom 作为一种新兴的通信范式，通过语义层次的编码和传输，减少了对传统比特级数据传输的依赖。在这一背景下，像 GPT 这样的自然语言处理模型引入了更高效的语义编码技术，为提升通信效率和频谱利用率提供了新思路。GPT 通过其强大的语义理解和生成能力，可以对大量的复杂信息进行压缩，将其转化为较小的数据包进行传输。这不仅能够显著减少所需的传输数据量，还能够在频谱资源有限的情况下传输更多有价值的信息，实现频谱资源的优化利用。

更为重要的是，在信号质量不佳或者频谱资源受限的场景下，GPT 的生成能力同样可以发挥重要的作用。通信系统往往面临着信号衰减、干扰及数据丢失等问题，特别是在无线通信环境中，这种情况更为常见。传统的纠错机制虽然能够修复部分丢失或损坏的数据，但其效率和修复能力有限。而 GPT 则能够通过上下文推理和语义补全，在部分数据丢失的情况下，根据上下文生成缺失或损坏的信息，维持通信的连续性和可靠性。这一能力不仅适用于自然语言的传输，还可以应用于图像、视频等多模态数据的语义通信，提升恶劣通信环境下的整体数据传输质量。

此外，GPT 的高效语义编码技术在优化频谱资源利用率的同时，也为 SemCom 提供了新的稳定性保障。在传统通信中，频谱资源的稀缺性和有限性是通信系统发展的瓶颈之一。尤其是在 5G 及未来 6G 网络的广泛应用中，如何提升频谱利用率已成为关键问题。GPT 所具备的强大语义理解能力，使其能够在复杂的环境中实现更高效的信息传输。在频谱资源紧张的情况下，GPT 可以通过减少冗余数据和压缩非关键信息，提升整体的传输效率。此外，其自适应的语义生成能力，也能够在信号环境较差的条件下，根据接收到的信息进行动态补充，从而保障通信的流畅性。这种高效的语义编码和生成能力，不仅提高了通信的稳健性和可靠性，还为未来的智能通信系统提供了更广阔的应用前景。

2.5.4 推动智能通信的广泛应用

基于以上几个方面，目前已经有了许多与 GPT 与 SemCom 相结合的相关研究。例如，参考文献 [14] 中提出了一种新的 AI 辅助 SemCom 网络框架，通过采用全局和局部 GPT 模型，在基于 GPT 的增强 SemCom 系统中，收发端分别部署语义编码模块和译码模块，模块对应的语义模型分别用于提取和恢复语义信息，如图 2-13 所示。

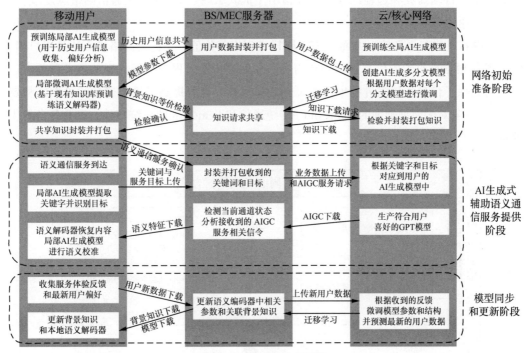

图2-13 增强语义通信

GPT 能够在服务器中生成语义模型，并根据收发端的请求，动态部署适配的语义模型。同时，收发端将语义模型存储在各自的语义模型库中。发送端将原始信息输入到语义提取与表征模块，得到语义信息，并通过联合的语义编码和信道编码将语义信息转化为比特数据，再进行传输。接收端对接收到的比特数据进行联合信道译码、语义译码，以及语义信息恢复重建，恢复出原始信息。上下文、通信环境等背景因素会影响语义信息的恢复，语义译码模块对背景因素带来的误差可进行补偿。用这种方法实现多模态语义内容理解、语义级联合信源信道编码，一定程度上提高了语义推理的可靠性和资源利用率，减少了传输流量和降低了延迟，实现了更有效的语义传递。

此外，参考文献 [15] 中还提出了一种生成式联合源信道编码（Joint Source-Channel Coding，JSCC）框架，用于语义图像传输。通过将语义信息嵌入图像传输中，该方法在低信噪比条件下提高了图像质量，展示了生成式方法在语义通信中的潜力。参考文献 [16] 中探讨了用于移动人工智能生成内容的跨模态生成语义通信。提出的方法结合自然语言处理和计算机视觉技术，通过联合语义编码和提示工程，在保持内容生成质量的同时，显著提高了传输效率。参考文献 [13] 中探讨了 GPT 等模型在语义通信中的具体应用，包括智能城市、自动驾驶和远程医疗等，并指出生成式 AI 技术将与语义通信网络深度融合，推动各行业的数字化转型。

在内容重构和语义校正方面，GPT 同样表现出其价值。无论是网络核心还是用户端，GPT 都能根据接收到的信息重新构建内容，并处理传输过程中可能出现的语义误差。这种能力确保了信息在传输过程中的准确性和完整性，显著提高了语义通信的可靠性和效率。图 2–14 对大模型辅助的 SemCom、传统通信和 SemCom 的系统特性，以及各自的优缺点进行了比较[17]。

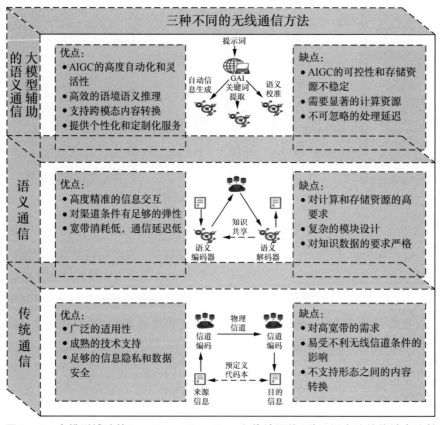

图2-14　大模型辅助的SemCom、SemCom和传统通信3种不同方法的优缺点比较

未来，GPT 驱动的 SemCom 网络在自动驾驶和智慧城市等场景也展示了广泛的应用前景[13]。在自动驾驶领域，GPT 可以提高车辆之间的通信效率和安全性。通过 SemCom，车辆可以更有效地交换关于道路状况、交通流量和意外事件的信息。这些信息通过高级的

语义分析处理后，可以帮助车辆做出更准确的导航和避障决策。此外，GPT还可以用于车载系统中，通过语义理解生成更符合驾驶场景需求的响应和警示，增强驾驶员与智能驾驶系统之间的交互体验。

例如，GPT-Driver是一种基于GPT-3.5模型的运动规划方法，由PointsCoder提出，通过将运动规划问题重新表述为语言建模问题来实现[18]。这种方法将规划器的输入和输出表示为语言标记，并且通过坐标位置的语言描述来利用GPT生成驾驶轨迹。GPT-Driver不仅提高了运动规划的精度，还增强了系统的可解释性，使得自动驾驶系统能够更好地理解和应对复杂的驾驶环境。

GPT模型可以通过对交通数据的分析和语义理解，优化城市的交通信号灯设置，从而有效缓解交通拥堵。例如，通过实时监测交通流量和道路状况，GPT可以调整交通信号灯的时间和顺序，优先处理高峰时段的交通流量。这种智能化的交通管理不仅提高了道路的通行效率，还减少了交通事故的发生。GPT还可以用于动态路线的规划和导航，帮助驾驶员选择最优路线，避免拥堵路段。例如，在智能交通系统中，GPT可以实时分析路况信息，与驾驶员对话，并根据当前的交通状况和预测的交通趋势，为驾驶员提供最优路线的建议。这种基于语义分析的动态导航系统大大提高了出行效率和安全性。

2.6　本章小结

在信息化和数字化迅速发展的今天，通信技术和行业正处于变革的前沿。特别是随着人工智能技术的进步，GPT已成为推动行业创新的重要动力。在现有移动通信系统中引入GPT技术，不仅能够提升传统的无线业务和网络服务能力，更能进一步拓展应用新场景。

在本章中，"智能客服"讨论了通过集成先进的GPT模型在电信领域客户服务方面的显著改进，特别关注其在语义理解和情感识别方面的能力。"自动化仿真"详细阐述了GPT如何利用其先进的自然语言处理能力，彻底改变各个领域的仿真实践。"重塑芯片设计"探讨了GPT模型对芯片设计领域，特别是电信领域的革命性影响，并详细介绍了如何将GPT等人工智能驱动技术集成到芯片设计过程的各个阶段，以提高其效率、准确性和创新性。"增强语义通信"则深入探讨了GPT模型与SemCom的集成，强调了6G和物联网等通信技术的进步，重点介绍了GPT如何通过提高训练效率、增强语义推理和优化频谱利用率来增强SemCom。

新一代通信致力于提供完全沉浸式交互场景，满足人类在多重感官乃至情感和意识层面的交互沟通。GPT与通信业务结合，将为用户提供高智能、多交互、立体多样化的通信，极大地提高通信的信息交互能力、行业应用能力和生产力。在通信新型应用场景拓展方面，GPT也将继续推动垂直行业领域应用的发展，特别是在促进石油化工、建筑、矿场等安全生产方面，通过部署专网，能够支持一线生产现场传感器、摄像头等监控设备的异构海量连接，极大增强对生产状态的布控能力。总之，GPT在移动通信领域有巨大的应用潜力，必将给用户带来超越时代的未来移动通信业务体验，助力更多行业加速转型，为人类创造更加美好的生活。

参 考 文 献

[1] Qu Y, Liu P, Song W, et al. A text generation and prediction system: Pre-training on new corpora using BERT and GPT-2[C]//2020 IEEE 10th international conference on electronics information and emergency communication (ICEIEC). IEEE, 2020: 323-326.

[2] Zimmermann D, Koziolek A. Automating GUI-based software testing with GPT-3[C]//2023 IEEE International Conference on Software Testing, Verification and Validation Workshops (ICSTW). IEEE, 2023: 62-65.

[3] Mathur A, Pradhan S, Soni P, et al. Automated test case generation using T5 and GPT-3[C]//2023 9th International Conference on Advanced Computing and Communication Systems (ICACCS). IEEE, 2023: 1986-1992.

[4] Jeong S W, Kim C G, Whangbo T K. Question answering system for healthcare Information based on BERT and GPT[C]//2023 Joint International Conference on Digital Arts, Media and Technology with ECTI Northern Section Conference on Electrical, Electronics, Computer and Telecommunications Engineering (ECTI DAMT & NCON). IEEE, 2023: 348-352.

[5] 黄新胜. 基于深度学习与自然语言处理技术的智能客服机器人在制造业中的应用研究[J]. 软件，2023，44(10): 104-106.

[6] 包永红. 自然语言处理技术在智能客服系统中的应用与优化[J]. 互联网周刊, 2024, (2): 21-23.

[7] Krstic D, Petrovic N, Suljovic S, et al. AI-enabled framework for mobile network experimentation leveraging ChatGPT: Case study of channel capacity calculation for $\eta-\mu$ fading and co-channel interference[J]. Electronics, 2023, 12(19): 4088.

[8] 施羽暇. 人工智能芯片技术体系研究综述[J]. 电信科学，2019，35(4): 114–119.

[9] 陈永伟. 超越ChatGPT: 生成式AI的机遇，风险与挑战[J]. 山东大学学报（哲学社会科学版），2023，3: 127–143.

[10]Taruna Reddy, Will Chen, Badri Gopalan. 新思科技科学家通过基于人工智能的验证空间优化，加快覆盖率收敛速度. SYNOPSYS·新思.

[11]Blocklove J, Garg S, et al. Chip–Chat: Challenges and Opportunities in Conversational Hardwaree Design. [C]//2023 ACM/IEEE 5th Workshop on Machine Learning for CAD(MLCAD). IEEE, 2023: 1–6.

[12]许宝成. 新思科技与谷歌云合作 扩展基于云的功能验证[J]. 计算机与网络，2020，1.

[13]Liang C, Du H, Sun Y, et al. Generative AI–driven semantic communication networks: Architecture, technologies and applications[J]. IEEE Transactions on Cognitive Communications and Networking, 2024.

[14]Xia L, Sun Y, Liang C, et al. Generative AI for semantic communication: Architecture, challenges, and outlook[J]. arXiv preprint arXiv:2308.15483, 2023.

[15]Erdemir E, Tung T Y, Dragotti P L, et al. Generative joint source–channel coding for semantic image transmission[J]. IEEE Journal on Selected Areas in Communications, 2023, 41(8): 2645–2657.

[16]Liu Y, Du H, Niyato D, et al. Cross–Modal Generative Semantic Communications for Mobile AIGC: Joint Semantic Encoding and Prompt Engineering[J]. arXiv preprint arXiv:2404.13898, 2024.

[17]Xia L, Sun Y, Liang C, et al. Generative AI for semantic communication: Architecture, challenges, and outlook[J]. arXiv preprint arXiv:2308.15483, 2023.

[18]Mao J, Qian Y, Zhao H, et al. GPT–driver: Learning to drive with GPT[J]. arXiv preprint arXiv:2310.01415, 2023.

第 **3** 章

GPT 促进通信网络智能自治

第 2 章介绍了 GPT 在通信领域的崭新应用，包括智能客服、自动化仿真、语义通信和芯片设计等，以及 GPT 将如何在未来继续加速改变通信技术和行业，给我们带来更多的可能性。在此基础上，本章将继续介绍 GPT 在通信网络智能自治方面发挥的重要作用，通过研究 GPT 促进通信网络智能自治的方法，从网络规划、切片部署、网络运维和网络优化这 4 个不同的角度对 GPT 大模型如何赋能通信网络进行全面的分析。

3.1 通信网络智能自治

AI 赋能的自治网络是第五代移动通信系统（The Fifth Generation Mobile Communication System，5G）和后 5G 网络发展的重要趋势，将为移动网络带来根本性变革。随着移动通信技术的不断进步和网络需求的持续增长，传统的网络管理方式已经无法满足未来的发展需求。在这一背景下，AI 技术的引入将为网络管理带来革命性的变化。

当前的网络管理模式主要依赖于人工干预，存在许多局限性。人工管理不仅效率较低，而且在面对复杂的网络环境和不断变化的业务需求时，容易出现响应不及时、决策不准确等问题。而 AI 赋能的自治网络则可以通过自动化和智能化的手段，逐步实现从被动管理向主动管理的转变，使网络管理更加高效、灵活和精准。AI 在移动网络中所带来的网络自动化能力，是除了 3GPP 定义的 5G eMBB、mMTC、URLLC 之外，5G 网络不可或缺的第四维[1]，如图 3-1 所示。

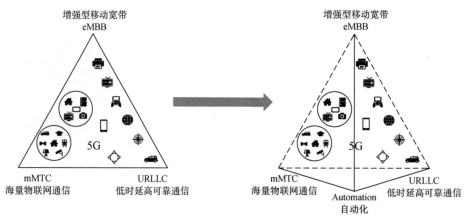

图3-1 网络自动化成为5G网络的第四维

5G 在网络规划设计上需要能够快速简洁地体现运营商意图；业务开通上需要减少人为配置错误，快速上线业务；网络运营运维上，需要突破依靠专家经验为主的传统运营运维模式的局限。未来，智能化网络将通过多维数据感知，包括业务数据、用户数据、网络状态数据等，全面了解网络运行状况。基于这些数据，AI 可以进行智能分析，提供更加灵活高效的网络策略。例如，在面对网络流量高峰时，可以自动调整网络资源分配，确保网络的稳定运行；在发现潜在故障时，可以提前预警，并自动采取措施进行修复，减少网络故障对用户体验的影响；在进行网络维护时，可以通过智能诊断和预测性维护，降低网络维护成本，延长网络设备的使用寿命。

自智网络[2]的核心理念在于通过 AI 等技术的引入推动新一代通信网络向自配置、自治愈、自优化、自演进的方向发展。"AI+ 通信"已成为 ITU 定义的 6G 六大场景之一[3]，包括辅助自动驾驶、设备间自主协作、辅助医疗应用、基于数字孪生的事件预测等新功能。目前，GPT 已经初步实现了在网络智能自治领域的多种应用，全球多家运营商、设备商和第三方厂商已经开始了对网络智能自治的研究，如图 3-2 所示，包括网络规划、切片部署、网络运维和网络优化等应用案例。

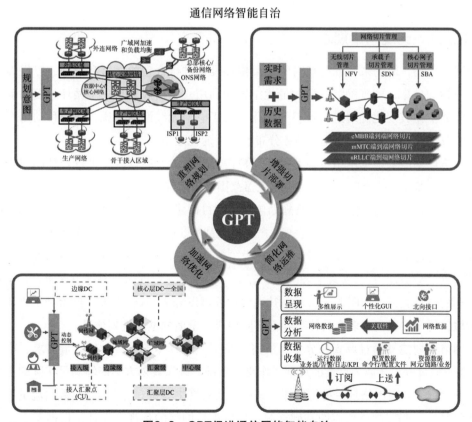

图3-2　GPT促进通信网络智能自治

3.2　GPT重塑网络规划

如今互联网给我们的业务和生活带来了前所未有的影响，它不仅改变了我们的工作方式和生活方式，也改变了我们的日常交流和信息获取方式。随着人工智能、大数据和物联网等新技术的不断发展，这种影响正在日益加深。在全新的背景下，新场景、新业务和新应用持续涌现，类型越来越丰富，网络架构也因此变得越来越复杂。

同时，移动通信网络的建设正在飞速发展，站点的数量日益增多，终端用户的数量也在爆炸式增长。运营商在这种情况下，面临着精确选址、连续覆盖、干扰控制等众多难题和挑战。此外，新技术的出现和业务需求的多样化还要求网络架构能够快速适应这些变化。这不仅仅是一个技术挑战，更是一个管理和规划的挑战。如何在这样一个快速变化的环境中，进行精确的网络规划，以降低网络投资风险，提升网络和业务质量，是每个运营商时刻关注的重点。因此，在设计和部署网络时，进行合理的网络规划显得尤为重要。

3.2.1　无线网络规划

网络规划，简单来说就是指对网络架构和设备进行合理的部署和管理，以提高网络的可靠性和效率，实现网络资源的最优配置和利用。网络规划是一个循环往复的动态过程，需要依据其变化随时进行调整和优化。对于一个无线网络来说，随着移动用户的不断增长及无线环境的不断变化，话务分布也处于变化之中。

网络规划需要根据网络覆盖范围、用户需求、业务发展等因素进行合理的安排和规划，如新建基站、扩容现有基站、优化覆盖范围、频谱管理等，以减少网络的干扰，降低其不稳定性，提高网络性能。网络规划包括规划目标建立、规划方案设计、规划仿真的全流程管理工作，涵盖从网络整体表现、产品运营战略、业务使用体验提升等角度建立规划目标。通过连通规划目标和规划方案的能力（包括拉通环境数据、业务需求数据、资源数据等多维度分析能力），实现业务覆盖、容量、带宽等规划目标。通过仿真能力，实现规划目标的仿真验证。如图3-3所示，其主要过程可以分为调查、分析、勘察和仿真4个主要阶段，每个阶段包含多个具体步骤，共同构成了全面的网络规划体系。

网络规划能够通过调查和分析，了解网络用户的具体需求，包括流量需求、覆盖范围、服务质量等，从而为后续的规划工作奠定基础，确保规划方案能够满足实际的业务需求。其次，需要对网络规模进行估算，其中涉及对网络容量、用户数量、数据流量等进行初步计算，以确定网络所需的基础资源。然后进行网络的预规划设计，根据需求分析和规模估算的结果，制定初步的网络架构方案。接下来，在勘察阶段，需要通过对实际部署地点进行现场勘查，以便确定最佳的站点位置，进行站点筛选。最后，通过详细的设计和仿真验证，输出符合客户要求的验证结果及相关的规划报告。

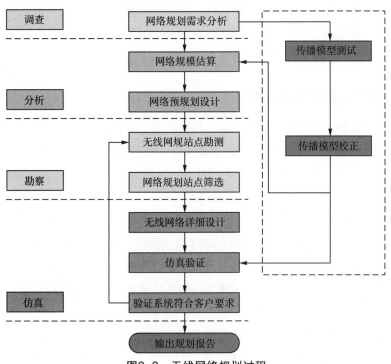

图3-3　无线网络规划过程

合理的网络规划不仅可以显著降低网络发生故障的风险，还可以提高网络的可靠性和效率，并帮助企业和运营商在快速变化的环境中保持竞争力。通过网络规划，运营商可以提前预防和解决潜在的问题，确保网络的稳定运行。例如，通过精确的选址，运营商可以确保网络覆盖的连续性，减少信号盲区。通过合理的干扰控制，还可以提高网络的传输效率，减少信号干扰带来的问题。

首先，网络规划可以提高网络的容错性。通过合理规划和分布网络设备和资源，当一台关键设备发生故障时，可以及时切换到备用设备，确保网络的连通性和服务的可用性。例如，通过配置冗余路由器和交换机，可以实现设备的冗余备份，一旦主设备发生故障，备用设备可以迅速接替工作，从而避免网络的中断和服务的中断。

其次，网络规划可以提高网络的负载均衡能力。当网络中存在热点区域或高负载的情况下，合理规划和配置网络设备可以确保流量的平衡分布，避免某些节点过载，从而保证整个网络的稳定性。通过使用负载均衡器和优化路由算法，可以动态调整网络资源的分配，提高网络的运行效率。

此外，网络规划还可以加强网络的安全性。在网络规划的过程中，可以合理地布置和配置防火墙、入侵检测系统和安全监控设备，提高网络的安全性和抗攻击能力。通过建立安全防护机制和流量监测系统，能够及时发现和阻止网络中的异常和入侵行为，确保网络的安全运行。

3.2.2　基站选址及天线优化

传统的网络规划主要聚焦于网络覆盖、网络容量、拓扑结构、路径路由，缺乏对于网络价值、网络业务发展预测等多维度的综合分析，同时需要规划人员掌握较多的专业工具，如覆盖仿真工具、容量建模工具等。GPT 的知识引擎可以提供一站式综合性网络规划。规划人员仅需通过输入简单的规划意图并通过多轮交互的方式，较为高效地实现不同要求的网络规划，同时 GPT 也可给出专业规划工具的代码、脚本等，大幅提升工作效率。例如在基站选址和天线优化等方面，GPT 目前都已经有所应用。

由于预计未来几年无线接入设备的数量将呈指数级增长，运营商需要扩大网络基础设施的部署规模，以提供所需的容量。传统上，新基站选址是由无线网规专业人士通过手动完成的。在覆盖模拟工具的帮助下，根据关键性能指标（Key Performance Indicator，KPI）评估每个站点并对其进行排名，根据可用预算挑选出排名靠前的站点位置。然而，当可供选择的站点数量较大时，传统方法成本巨大，并且很难准确地考虑每个涉及因素的影响。AI 驱动的规划方案可以为新蜂窝基站推荐最佳位置，帮助运营商降低网络规划的成本。

针对最佳站点的选择问题，Siddhartha Shakya 等人[4] 提出了基于 AI 的选址方法，如图 3-4 所示。在此基础上，可以基于 GPT 进行网络站点选址规划，通过采集历史时空特征数据，分析无线资源利用率的变化规律，监测和评估覆盖小区的 KPI。GPT 综合分析网络覆盖、用户分布和场景特征，通过无监督机器学习，根据小区的属性同质聚类。监督回归模型捕捉不同小区属性之间的关系，如小区性能、用户吞吐量等。在回归模型的基础上，构建仿真算法，估算拟新建站点的潜在流量负载。最后，基于计分排名机制对站点进行排名，排名靠前的站点入围候选基站。

除了站点选址，天线设计也是基站规划阶段的重要工作。在移动通信网工程设计中，进行基站天线设计前，需要考虑多个方面的因素，应根据网络的覆盖要求、话务量分布、抗干扰要求和网络服务质量等实际情况来合理地选择基站天线。首先，天线类型的选择是基站天线设计的重要一步。而在实际的天线优化和设计过程中，通常涉及的天线参数较多，天线的几何形状越来越复杂，天线性能要求之间的相互矛盾也频繁出现，带来了许多天线选择和设计上的挑战。

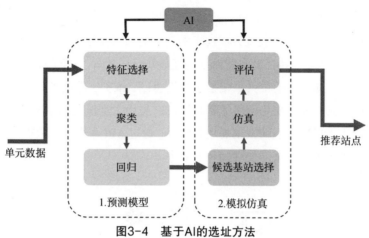

图3-4　基于AI的选址方法

　　将 GPT 引入天线仿真设计，可以代替电磁仿真软件的角色，模拟应用场景对天线参数进行微调，结合粒子群智能优化算法[5]进行天线的快速仿真和优化设计，相比电磁仿真软件，可以进一步提升计算效率。GPT 还可以学习天线的主要特征，并在设计天线时根据它们所学到的知识，设计不同频率的天线模型。如图 3-5 所示，将人类工程师设计的天线模型与 AI 设计的天线模型对比，可以看出人类工程师设计的模型是有规则的，参数数量是有限的。而 AI 设计的模型是不规则的，参数更多，自由度更高，更像自然形成的形状[6]。

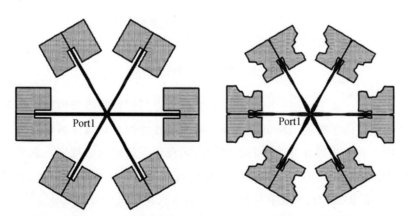

(a) 人类工程师设计的六贴片天线模型　　　　(b) AI设计的六贴片天线模型

图3-5　人类工程师与AI设计的天线模型对比

3.2.3 基于意图的网络规划

如图 3-6 所示，GPT 与基于意图的网络（Intent-Based Networking，IBN）的理念是深度契合的，其核心是：网络是高度自治和智能的，可以自规划、自部署、自优化、自演进。通信网络的新技术与现代人工智能技术的两相契合带来了网络智能化技术的新发展，加速了以自动化、智能化为特征的自智网络的建设步伐。此外，GPT 凭借其理解和生成能力，可以作为通信认知增强的工具，覆盖了网络建设、维护、优化等关键领域，为网络智能自治提供支持。其核心功能是网络的实时分析，利用大型模型的意图理解、外部能力调用和信息生成能力，提供智能的数据处理和洞察。通过 API 调用保障数据的隐私，用户可使用自然语言查询，提高数据的发现和获取效率。

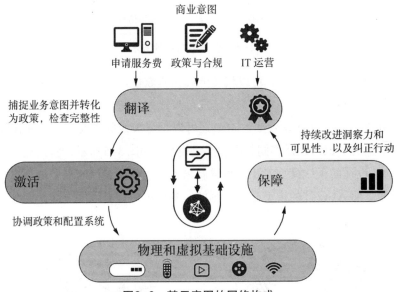

图3-6 基于意图的网络构成

在网络规划中，基于意图的网络可以根据业务意图配置网络基础架构，无须任何人工干预，它不断提供关键的网络见解，并不断调整硬件配置以确保满足意图，它将网络从以设备为中心转变为以业务为中心的模型，实现更高效的网络规划。意图的转译工作是核心的任务，它实现了用户意图到网络策略的转变。用户意图的表达形式有很多，最普遍的是自然语言的形式，此外还有用户的语音输入或者相关的图形化用户界面（Graphical User Interface，GUI）输入等。

由于 GPT 具有对输入内容强大的理解和处理能力，能够识别和解析用户输入的各种形式，从而帮助专业的规划人员更准确、高效地分析用户意图，并在一定程度上提高用户输入意图的抽象级别。规划人员仅需通过输入简单的规划意图并通过多轮交互的方式，便可实现不同要求的网络规划。在这一过程中，GPT通过其深度学习模型，不论是文本、语音还是GUI输入，规划人员只需通过输入简单的规划意图，并通过多轮交互的方式，便可实现不同要求的网络规划。同时，GPT大模型也可给出专业规划工具的代码、脚本等，大幅提升工作效率。

如图3-7所示，用户以各种形式输入意图，然后由GPT辅助把各种形式的意图统一为标准的形式，例如把各种形式（语音输入、GUI输入等）都统一为自然语言的形式。GPT作为意图引擎，可以负责用户意图的解析与转译，然后根据当前的网络状态信息对网络策略进行验证，并对策略进行优化，进而下发到实际网络规划部署中。

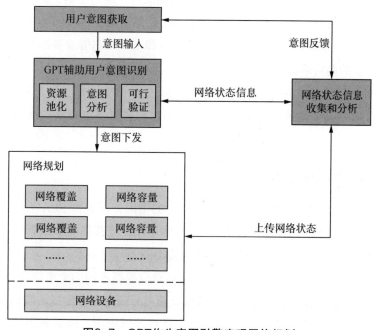

图3-7　GPT作为意图引擎实现网络规划

网络规划不仅是一个技术问题，更是一个战略问题。它需要考虑多方面的因素，包括业务需求、技术发展趋势、市场竞争状况等。一个好的网络规划，需要综合考虑这些因素，并进行科学的分析和决策。进行网络规划时，运营商需要考虑未来业务的发展趋势，预见到可能出现的技术变革和市场变化，提前做好应对的准备。网络规划还是一个持续改进的过程。随着业务需求的变化和技术的进步，网络规划需要不断地进行调整和优化。

随着物联网设备的增多，需要考虑更多的设备连接和数据处理需求，网络架构也需要进行相应的调整，以适应更高的数据传输速率和更大的数据流量的网络规划。

总之，合理的网络规划对于提升网络的可靠性和效率、降低网络投资风险、提升业务质量具有重要的意义。在互联网和新技术不断发展的今天，网络规划的重要性愈加突出。通过科学的网络规划，企业和运营商可以在快速变化的环境中，保持竞争力，实现业务的持续发展。

3.3 GPT增强切片部署

随着 5G 和云时代多样化新业务的涌现，不同的行业、业务或用户对网络提出了各种各样的服务质量要求。例如，对于移动通信、智能家居、环境监测、智能农业和智能抄表等业务，需要网络支持海量设备连接和数据传输；网络直播、视频回传和移动医疗等业务对传输速率提出了更高的要求；车联网、智能电网和工业控制等业务则要求毫秒级的时延和超过 99.999% 的高可靠性。

因此，5G 网络应具有海量接入、确定性时延、极高可靠性等能力，需要构建灵活、动态的网络，以满足用户和垂直行业多样化业务需求。面对以上需求，网络切片技术应运而生。

3.3.1 网络切片技术

网络切片是基于逻辑的概念，是对资源进行的重组，即根据 SLA 为特定的通信服务类型选定所需要的虚拟机和物理资源。通过网络切片，运营商能够根据业务需求提供高度灵活的网络服务，从而满足不同客户对网络能力的差异化要求。

网络切片是一种按需组网的方式，可以让运营商根据不同的业务应用，通过对时延、带宽、安全性和可靠性等要求，在统一的基础设施上分离出多个虚拟的端到端网络。每个网络切片从无线接入网到承载网再到核心网上进行逻辑隔离，以服务于特定的业务类型或者行业用户。由于各切片之间相互隔离，当某一个切片中产生错误或故障时，并不会影响其他切片，每个网络切片都可以灵活地定义自己的逻辑拓扑、服务级别协议（Service Level Agreement，SLA）需求、可靠性和安全等级。网络切片是 5G 网络计算策略、移动边缘计算、移动云计算及物联网、车联网和工业物联网等垂直领域中广泛使用的关键技术之一，它允许对稀缺和有争议的资源进行优化和定制，从而满足不同业务、行业或用户的差异化需求。

目前，5G 主流的三大应用场景：eMBB、uRLLC、mMTC 就是根据网络对用户数、服务质量（Quality of Service，QoS）、带宽的不同要求，定义的 3 个通信服务类型，分别对应 3 个切片。5G 网络切片的示例如图 3-8 所示。

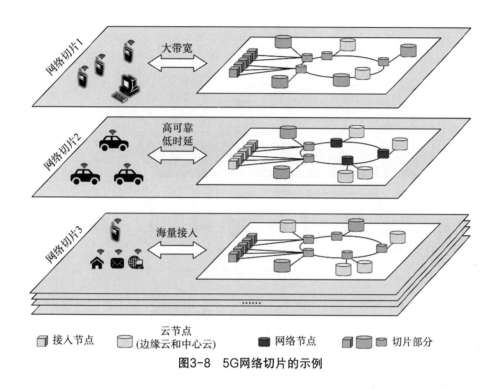

图3-8　5G网络切片的示例

在一个网络切片中，至少可分为无线网子切片、承载网子切片和核心网子切片 3 部分。5G 端到端网络切片包括无线接入网络切片、移动核心网络切片和 IP 承载网络切片。其中，无线接入网和移动核心网的网络切片架构和技术规范由 3GPP 进行定义，而 IP 承载网络切片的架构和技术规范主要由 IETF、BBF、IEEE 和 ITU-T 等标准组织定义。

在 5G 端到端网络切片中，IP 承载网络切片的主要功能是为无线接入网与核心网的网络切片中的网元和服务之间提供定制化的网络拓扑连接，以及为不同网络切片的业务提供差异化的服务质量 SLA 保证。IP 承载网络切片的架构整体上可以划分为 3 个层次：网络切片转发层、网络切片控制层和网络切片管理层，如图 3-9 所示。此外，为了实现与无线接入网和核心网切片的端到端网络切片协同管理，以及将网络切片作为一项新业务提供给垂直行业租户，承载网还需要对外提供开放的网络切片管理接口，用于网络切片的生命周期管理。

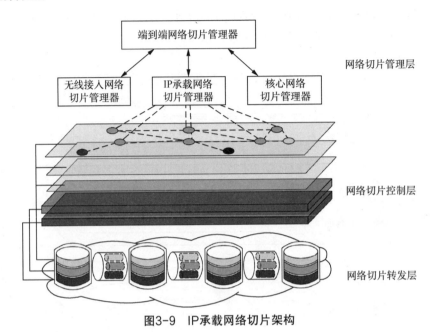

图3-9　IP承载网络切片架构

　　当然，网络切片并不仅限于当前5G的这三大应用场景，运营商可以根据不同的应用场景，将物理网络切分成多个虚拟网络，从而满足各种特定需求。未来，网络切片技术将在众多领域发挥更广泛和深入的作用，应用场景的范围也将不断扩大。从虚拟现实（Virtual Reality，VR）和增强现实（Augmented Reality，AR），到自动驾驶、智能交通及无人机，再到物流仓储和工业自动化，作为信息化的基础设置，网络切片都将提供适配不同领域需求的网络连接特性，推动各行业的能力提升及转型。

　　VR和XR将受益于特定优化的网络切片，提供低时延和高带宽的网络连接，以确保用户在虚拟世界中获得身临其境的体验。自动驾驶和智能交通系统也将依赖于高可靠、低时延的网络切片，保证车辆与基础设施之间的实时通信，提高交通安全和效率。无人机技术的快速发展也离不开网络切片的支持。通过网络切片，无人机被广泛应用于物流配送、应急救援、环境监测等领域，能够实现高效的数据传输和远程控制。在工业领域，网络切片将推动物流仓储和工业自动化的发展，提供稳定和高效的网络连接，从而提升生产效率和自动化水平。

　　此外，自动化将在网络切片中发挥更加重要的作用，预计未来移动网络运营商将构建和管理数百个甚至数千个网络切片。6G网络将在不久的将来成为现实，并将在各行各业中得到应用，智能化的网络切片将使服务提供商和重要消费者能够最有效地利用网络资源。图 3-10 展示了 5G 和 6G 中的网络切片。

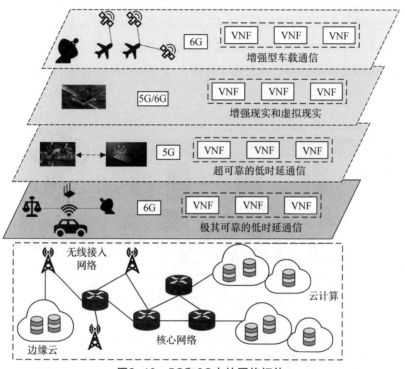

图3-10 5G和6G中的网络切片

6G 网络架构将开辟新的收入来源，并允许各种不同需求的不同企业共享网络和频谱资源。同时基于不断发展的开放无线接入网络（Open Radio Access Network，ORAN）范式，6G 网络能够提供无与伦比的开放性、定制化、自动化和软件化[7]。Ramraj Dangi 等人还为当前切片方法的分析提供了一个更好、更高效的基于人工智能的网络切片框架，并预计该框架将用于下一个 6G 通信网络，使智能 6G 网络的建设变得更加简单[8]。

3.3.2 未来网络智能切片

网络切片的引入成功解决了不同业务场景的网络资源分配不均问题，给网络带来了极大的灵活性，使网络可以按需定制、实时部署并得到动态保障。网络切片部署中，不同业务场景的切片对底层物理网络的资源需求不同，网络切片在部署的结构上也存在差异。传统算法无法满足网络的多业务场景切片的安全部署问题，而结合 AI 等相关技术，可以在满足端到端网络切片安全部署的同时，降低部署的成本。

6G 将结合多种技术和服务，提供不同的网络功能。为了有效地利用这些独特的服务，网络的虚拟化切片将是一种很有前景的方法。例如，参考文献 [9] 中提出了一种基于网络切片概念的虚拟化 6G 网络架构，如图 3-11 所示。该架构由 3 层组成，分别是智能云切片层、RAN 切片层和应用程序切片层。该架构完全基于网络切片，为网络提供了灵活性，且能够提高系统的效率，并有助于提供大量应用程序和有效利用网络功能所需的服务。

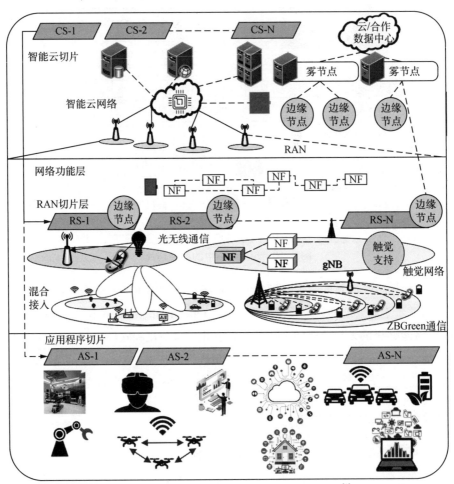

图3-11　基于虚拟化网络切片的6G网络架构[9]

网络切片使用网络功能虚拟化（Network Functions Virtualization，NFV）和软件定

义网络（Software Defined Network，SDN）的概念来提供虚拟化和灵活性[10]。NFV 包括将虚拟的链式网络功能组成一个基础设施，一般称为 NFV 基础设施（Network Functions Virtualization Infrastructure，NFVI）。NFVI 由存储块和网管块组成，它包括自动配置、协调和管理网络的管理和编排（Management and Orchestration，MANO）。MANO 体系结构主要负责启用服务和实现 NFVI。而 SDN 建立在将网络基础设施的控制面与转发面分离的基础上，将自动化和编程应用于控制面，使整个网络在逻辑上体现为单一的网络设备，通过可编程配置实现自动化配置、控制、保护和资源调整，使管理员具有动态调整全网流量的能力。

作为未来网络的基石技术，网络切片能够在共享的物理基础设施上创建定制的虚拟网络。然而，现有的编排和管理方法在处理多管理域环境下较为复杂的新服务需求时仍然存在局限性。参考文献 [11] 中提出了一个由 GPT 等 LLM 和多代理系统驱动的新型网络切片架构，并提供了一个可以与现有 MANO 框架集成的新框架。该框架利用 GPT 把用户意图转化为技术需求，将网络功能映射到基础设施，并对整个切片的生命周期进行管理。

LLM 多 Agent 系统在端到端网络切片管理与编排中的位置如图 3-12 所示。其中，包含了从协助用户提出基于高级意图的切片请求，到部署和监控位于接入网、边缘、核心和托管应用程序的云上的不同切片功能。

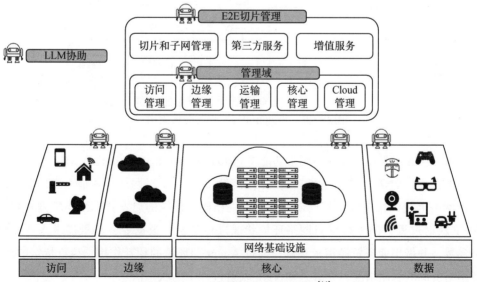

图3-12　LLM辅助网络切片管理[11]

5G/6G网络切片所面临的主要挑战是5G生态系统中的资源共享、切片编排和网络优化。Eranga Bandara等人提出了一种名为"SliceGPT"的动态网络切片经纪人和市场的新架构以应对这些挑战[12]，平台分层架构如图3-13所示。该架构利用自定义训练的GPT-3.5模型、区块链和非同质化代币（Non-Fungible Token，NFT），使云提供商、网络运营商、RAN提供商和传输网络提供商等5G网络中的不同利益相关方能够共享和租用其资源，以创建满足应用特定需求的定制化网络切片。SliceGPT还可以从广泛的网络数据集中产生有价值的见解和建议，有助于优化网络切片以提高性能和效率。

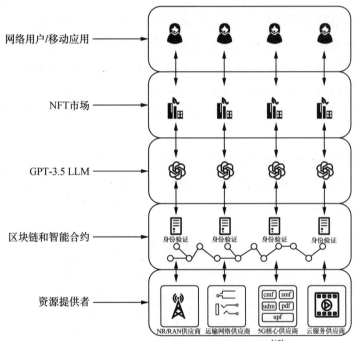

图3-13 "SliceGPT"平台分层架构[12]

网络切片的部署还涉及虚拟网络功能（Virtual Network Function，VNF）的放置和相关链路的选择。VNF的放置是指在满足网络容量的条件下，网络切片请求中的节点总能在物理网络上找到相对应的节点来承载请求。相比于传统的启发式算法与精确式算法求解VNF映射过程，GPT可以对网络环境状况进行分析，根据业务场景需求来智能调整网络参数，并做出业务资源需求预测，通过Agent和环境的相互作用，执行特定的动作，更新网络资源的利用情况，充分感知VNF映射过程中的状态信息。

如图3-14所示，GPT帮助获取网络部署环境，并将物理节点信息以安全特征矩阵进行储存。Agent 被定义为一个能够输出物理节点映射概率的策略网络，其中策略网络依靠GPT 大模型实现。Agent 根据物理节点的安全特征矩阵输出物理节点映射概率，然后选择概率最大的物理节点作为动作并进行 VNF 映射。当 VNF 映射完成后，GPT 根据不同业务需求选择合适的算法进行链路映射，以网络资源利用情况作为奖励函数，给予 Agent 反馈，同时更新状态信息。

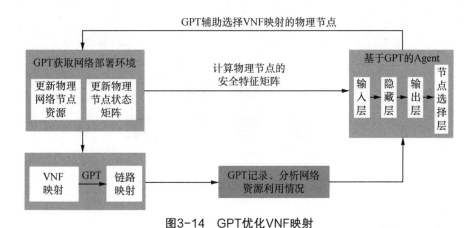

图3-14 GPT优化VNF映射

3.4 GPT简化网络运维

当前各行各业的数字化转型已成为一种必然趋势。随着 SDN 时代、云计算时代的到来和大数据、机器学习等技术的发展，越来越多的业务和应用将被部署到云端。同时，计算和存储资源池化，网络架构也越来越复杂，导致网络运维变得更加困难，面临着业务感知弱、故障定位难及故障恢复慢等巨大的挑战。

面向 IT 运营的智能运维"AIOps"一词由 Gartner 创造，是指应用 AI 技术，自动执行和简化运维工作流程。网络智能运维按照场景的不同，又分为数据中心网络智能运维和运营商网络智能运维，其中数据中心智能运维方案的架构如图 3-15 所示，在逻辑上可以分为网络层、控制层和分析层[13]。

网络智能运维的典型应用场景包括异常检测、故障诊断、事件预警、智能决策等。在传统网络运维中，运维技术人员需要通过手动巡检和数据分析等方式获取网络状态信息，效率较低。通过引入 GPT 相关技术，可以实时高效监测网络的状态信息，并通过自动化运维的方式对网络进行分析和处理，从而有效地提升网络的稳定性和可靠性[14]。

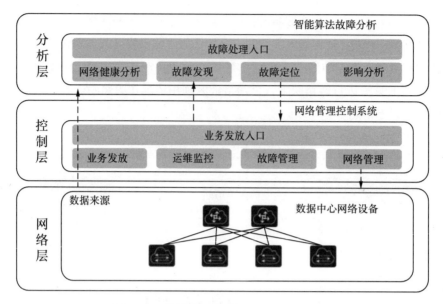

图3-15　数据中心网络智能运维方案架构

3.4.1　异常检测

异常检测又称异常发现、异常诊断等，主要是指找出设备、系统、网络环境等关键性能指标的历史数据什么时候发生了明显的变化。这类异常既可能是故障，也可能不是。运维上的异常，主要是通过KPI指标数据的时序变化，找出那些不符合规律的数据。传统运维是由专业运维人员根据单个指标的数值分布或多个指标的组合分布确定一个阈值，不在阈值范围内的则被认为是异常数据。这种策略对于稳定的、规律的运行环境非常有效，但在稍微复杂多变的场景中则很容易失灵。这时就需要GPT学习更长历史时间的数据规律，才能进行判断和预测。

智能异常检测依赖网络状态的感知能力，能够持续自动收集网络中各类状态数据，并对这些数据进行智能化分析。一旦检测到网络中的任何异常状态，就会立刻做出判别并上报检测结果[15]。网络异常检测的具体流程如图3-16所示。

首先，根据不同的网络状态感知任务，可以生成不同的状态检测器，并按照需求启动对应的感知任务，例如性能、告警、日志、配置等任务，再将指标订阅下发给数据采集平台。然后，启动相关分析器，利用GPT相关技术快速进行异常分析和检测。具体来说，这些检测任务可以包括动态阈值检测、单维分析、多维关联分析及时序预测分析等方法。这种方法在实际应用中具有极高的实用性和有效性，特别是在复杂的网络环境中，能够显著提升故障检测和处理的效率。

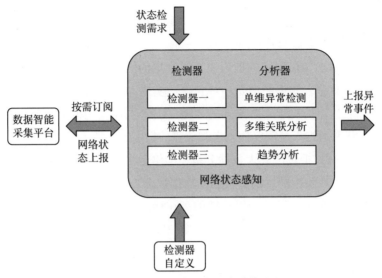

图3-16 网络异常检测的具体流程

以承载网的同缆异常排查为例。同缆现象是影响承载网络可靠性的潜在因素之一，而光纤作为一种哑资源，其管理手段相对薄弱，依靠常规的管理手段无法对这类异常现象进行主动检测。完全依赖人工排查的方式不仅费时费力，而且效率低下，难以满足现代网络快速响应的需求。在这种情况下，采用GPT算法对光纤相关的历史数据进行扫描，通过分析数据特征、位置特征和故障特征等因素，进行比对和关联分析，根据数据指标间的相似性找出疑似同缆现象，再结合专业人员的排查，可以及时发现这类隐患问题，并进行优化处理，有效提高同缆异常排查的准确性和效率。

在单维分析中，GPT可以对单一维度的数据进行深入分析。例如，对于某一特定时间段内的网络流量数据，GPT可以识别出其中的异常波动，并帮助网络管理员快速定位问题，找出引发网络故障的具体原因。多维关联分析是GPT在网络状态感知中的另一项重要应用。通过对多维度的数据进行综合分析，GPT可以识别出不同数据之间的关联关系。时序预测分析则是利用GPT对网络数据进行时间序列分析，预测未来可能发生的异常情况。

3.4.2 故障诊断

故障诊断即在运维过程中检测到异常状态并确定发生故障后，对故障的原因进行根源分析，在众多可能引起故障的因素中，追溯到导致故障发生的症结所在，并找出相关解决方案。利用 GPT 技术，可以找出不同因素之间的强相关关系，并利用这些关系，推断出哪些因素是根本性因素，帮助用户快速诊断问题、提高故障的定位速度及修复效率，进而预防下一次再发生类似的异常问题。

GPT 可以通过基于知识图谱的推理引擎对收集的网络数据进行分析，从而对故障进行快速根因定位。其中，知识图谱是一种包含了实体和实体间关系的语义网络，可以进行知识的推理和表达。而对于一些未知的故障，GPT 同样也能根据此前积累的历史数据进行故障推理，帮助运维人员深度探索未知故障的根因。

基于 GPT 的特征挖掘算法和大数据分析，网络运维系统能够有效地利用多维度历史数据，如告警事件、性能指标、配置数据、操作日志、业务状态和故障解决历史记录等，自动学习和归纳出依靠人工经验难以总结的潜在特征和规则，从而构建故障事件和特征的匹配规则库。通过这一技术，系统可以根据故障特征自动匹配规则进行诊断，实现故障的有效定位，并提供判断和处理建议。另外，还可以结合工单系统，实现高效派发，提高整个故障诊断及网络运维的效率。

具体的智能化故障诊断流程如图 3-17 所示。首先，系统收集和整合多维度的历史数据，包括告警事件、配置数据、KPI 指标、业务状态、操作日志和运维结果。这些数据经过初步处理后送入训练模块。在训练阶段，利用 GPT 模型进行特征挖掘和数据建模，包括特征提取、数据降维、分类算法、关联算法和深度学习。通过这些步骤，系统生成规则库。在实际应用中，系统通过现网监控模块对实时数据进行分析，并将其与规则库进行匹配，以进行故障诊断。诊断完成后，系统根据推理结果给出处理建议，并结合工单系统进行高效派发。整个过程中的反馈信息用于持续优化规则库和模型，从而提高诊断的准确性和效率。

因此，在长期的网络运维过程中，我们可以利用 GPT 构建一个智能诊断系统。该系统可以通过对网络故障的排查，自动进行诊断并提供相应的解决方案。即使是面临一些较为困难的网络故障，该系统也能够根据 GPT 强大的学习和推理能力，理解专业运维人员的意图和提出的问题，并为专业运维人员提供一些可供参考的建议。这意味着智能诊断系统可以进行持续的学习和知识更新，从而更好地应对日益复杂的网络环境，同时也为运维人员节省了很大一部分的时间和精力。

此外，还可以利用 GPT 对故障诊断中的结果准确性进行评估。这需要考虑几个方面。首先是数据的质量和多样性。GPT 的训练数据应包含各种类型的故障案例和解决方案，以确保其在实际应用中能够覆盖到不同类型的故障情况。而且数据的质量也至关重要，应尽量避免包含错误或不准确的信息，以免对故障诊断结果的准确性评估造成负面影响。其次是模型的训练和优化。GPT 的训练需要耗费大量的计算资源和时间，因此需要对模型进行优化，以确保 GPT 能够在充分学习到相关规律和模式的同时，提高其在故障诊断中的准确性和响应速度。最后，还需要考虑用户的反馈和评估。根据这些反馈结果，对 GPT 在故障诊断中的表现进行定量评估，以便更好地了解和改进 GPT 的准确性和用户体验。

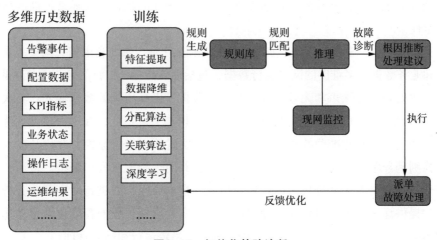

图3-17　智能化故障诊断

总之，通过将大数据分析与 GPT 相结合，能够实现对网络故障的精准检测和高效处理，为现代网络的稳定运行提供强有力的技术支持。经过不断地反馈和优化，智能诊断系统就可以适应不断变化的网络环境，确保网络运维的高效性和可靠性。

3.4.3　事件预警

事件预警指的是在网络运维过程中，基于 KPI 指标、告警、日志和感知等一系列历史数据，运维系统能够自动预测未来将要发生某些特定事件的行为，并进行提醒。例如根据视频网站中历史播放的数据，GPT 能够预测第二天哪些网页会发生卡顿，从而提前调整流量情况，保证用户的使用体验。

在预警方面，传统的预警管理一般使用固定阈值且需要运维人员手动进行设置，这种方式不仅工作量巨大且十分依赖运维人员的经验。如果出现阈值设置不当，很可能导致出现误报或者漏报等后果。利用 GPT 相关技术，可以大幅提升预警管理的自动化、智能化和准确性。

首先，GPT可以通过对大量历史数据进行学习和分析，自动确定合理的阈值范围，并根据网络运行状态的变化和历史数据的特征，在识别异常后发出预警，而不再仅仅依赖人工经验。其次，GPT可以进行多维度的数据关联分析，综合考虑多种因素对网络状态的影响。例如，在判断网络性能时，不仅考虑单一指标的波动，还会结合其他相关指标的变化趋势，从而提供更为准确的预警信号。这种多维度分析方法能够有效避免误报和漏报，提高预警的准确性。最后，GPT还可以进行时序预测分析，通过对网络状态数据的时间序列进行建模和预测，提前识别出可能出现的问题，从而显著提高网络的可靠性和稳定性。

　　在实际应用中，事件预警流程如图3-18所示。首先，系统利用相关采集工具收集基础数据和业务数据等多维度的网络运行数据，包括性能指标、告警信息、日志记录等，并通过数据预处理去除噪声和无效数据，为后续分析提供高质量的数据输入。其次，利用GPT模型对预处理后的数据进行特征提取，自动识别关键特征，并进行模型训练，通过反复迭代和优化，构建准确的预警模型。系统对实时数据进行监控，并将其输入预警模型，当检测到异常情况时，系统自动触发预警，并向运维人员发出警报。最后，系统对预警信号进行多维度关联分析，确认异常情况的根本原因，并进行时序预测分析，输出事件单，提供详细的预警信息和处理建议，从而实现事件预警的智能化、自动化和精准化，大幅提升网络运维的效率和效果，确保网络的稳定运行和高效管理。

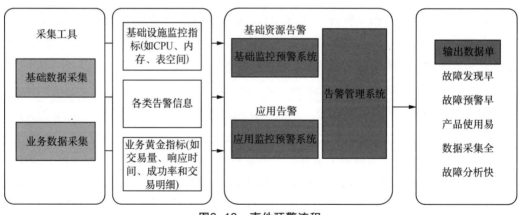

图3-18　事件预警流程

　　此外，事件预警的过程还涉及智能监控过程。GPT智能监督预警平台是一种利用GPT技术进行监督和预警的工具。它通过收集、整理和分析海量的数据，快速识别出潜在的风险和问题，并及时发出预警，帮助相关部门做出正确的决策和应对措施。通过历史数据模型的异常检测等方法，结合 GPT 技术，能够自动、实时、准确地从监控数据中发现异常，为后续故障的分析与处理提供依据和支持，有效缩短排查时间，提高运维效率，并降低潜在风险。

随着技术的不断发展，GPT 智能监督预警平台将进一步融合更多的人工智能和大数据技术，为网络运维提供更全面、更智能的解决方案。通过持续优化预警模型和算法，系统能够更好地适应不断变化的网络环境，提升故障检测和处理的效率，最终实现对网络事件的精准预警和高效管理。这不仅有助于降低运维人员的工作负担，还能够显著提高网络服务的质量和用户满意度，为企业的长远发展提供坚实的技术保障。

3.4.4　智能决策

智能决策是在智能网络运维系统经过异常检测、故障诊断及事件预警之后，根据分析及判断结果所得出的合理解决方案，也就是使得网络中出现的异常状态和故障能够得到恢复的决策。自适应配置、智能调度和智能重启都是故障自愈过程中的一种智能化恢复手段。

在智能决策的过程中，GPT 可以通过分析历史数据和实时性能指标，运用其强大的生成能力，给出运维系统能够自动执行的故障诊断和修复流程。这包括运行自动化脚本来重启服务、重新配置网络设置或回到先前的稳定版本。

需要指出的是，智能决策的实现离不开专家知识库和智能推荐系统。只有通过大数据、知识图谱将历史中数量可观的人工故障处置经验和故障自愈作为知识积累下来，才能利用 GPT 的智能推荐算法将知识泛化到更多运维领域，让人工参与程度越来越低，进而实现从异常检测、故障诊断到智能决策，再到系统自动评估处理效果，在确保决策的准确性和可行性的同时，实现全流程自动化和智能化的无人网络运维模式。图 3-19 详细展示了 GPT 简化网络运维流程。

首先，网络采集器将实时网络信息发送给 GPT，包括设备的中央处理器（Central Processing Unit，CPU）、内存、网络拥塞信息、网络事件的日志信息等。GPT 在接收到这些数据后，会进行快速的统计分析，识别出当前网络的运行状况。在此基础上，GPT 结合不同的网络业务场景对网络进行预测，并给出相应的运维决策。这些决策可能涉及调整网络配置、分配带宽资源、优化路由路径等。GPT 的决策结果会被发送至数据库进行存储，以便于后续的查询和分析。此外，GPT 还会辅助实现对网络当前情况和预测情况的可视化处理。这种可视化处理能够将复杂的数据转换成直观的图表和图形，更好地向运维人员展示网络现状和趋势。通过这种方式，运维人员可以更高效、更智能地进行决策，确保故障能够及时恢复，从而提高网络运维的效率和可靠性。

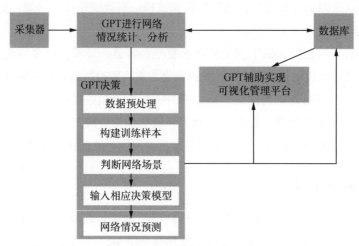

图3-19　GPT简化网络运维

此外，参考文献 [16] 中集成了 GPT 相关技术，采用意图驱动的、特定于通信网络的机器学习模型和高级策略作为目标，对底层组件进行全面的解析，实现"故障定位—策略生成—策略验证"的自主循环。与传统人工决策辅助的智能运维方法不同，该方法利用时空表征学习进行知识推理、网络运行状态检测。自动生成并验证故障恢复和多任务管理策略，通过绕行路由、资源编排等技术保证业务带宽和网络性能。此外，它还可以根据学习结果自主进行故障修复，从而促进自主网络的意图驱动闭环，以支持网络管理和控制架构。

总的来说，智能决策系统在网络运维中的应用，不仅提高了故障处理的效率和准确性，还实现了全流程的自动化和智能化运维模式。通过 GPT 技术的深度应用，网络运维逐步向无人化操作迈进，为确保网络的稳定运行提供了坚实的技术保障。引入智能化运维后，可以缩短故障响应时间，降低运维成本，使得企业的运维效率得到显著提升。此外，由于系统能够实现 24 小时不间断监控，整个运维系统的可用性和稳定性也得到了极大保障。

然而，实施智能化运维也面临着一些挑战。首先，是数据质量和完整性问题，GPT 等 AI 大模型的准确性高度依赖于输入数据的质量和数量。其次，系统的透明度和可解释性也是用户关注的焦点，尤其是在关键业务领域，用户需要理解模型的决策过程。最后，技术集成和人员培训也是推广智能化运维的障碍之一。

未来，随着 AI 技术的不断进步和运维需求的日益增长，智能化运维将成为网络管理的标准配置。各大企业也将更加重视数据驱动的决策支持系统，以及 GPT 等大模型在提高运维效率和降低风险方面的重要作用。同时，随着边缘计算和物联网的发展，智能化运维也将扩展到更多的设备和场景中，带来更全面的运维解决方案。

3.5　GPT加速网络优化

随着智慧医疗、智能家居、车联网等新兴应用的普及，网络架构越来越复杂，网络性能要求也愈加严苛。在当今快速发展的云计算时代，网络优化成为满足多样化业务需求的关键。传统网络优化手段已难以满足这些需求，以 GPT 为代表的 AI 大模型所参与的智能化和自动化的网络优化方案开始受到人们的关注。作为一种先进的人工智能工具，GPT 通过其强大的数据处理和分析能力，为网络优化带来了革命性的变化。GPT 能够快速分析海量的网络数据，准确识别性能瓶颈，并生成优化策略，显著提升网络效率和稳定性。GPT 还可以通过持续学习和自适应优化，减少人为干预，在减少人力成本的同时提供更好的用户体验。

网络工程师可以使用 GPT 来改进网络性能、优化网络架构和解决网络故障。运营商也可以利用通信网络的巨量数据来训练通信 GPT 大模型，实现网络的智能分析、实时预测、代码生成和漏洞扫描，从而提升网络的安全水平。当前，基于 GPT 的网络优化可通过自主检测、分析和操作实现网络的自我校正和优化，主要包括网络流量优化、无线网络覆盖优化、网络信令追踪 3 个方面。

3.5.1　网络流量优化

互联网上的所有数据都是通过网络流量进行传输的，因此准确地对网络流量进行建模有助于提高网络服务质量和保护数据隐私。随着互联网中用户业务需求的不断变化，网络流量也随之动态变化。针对网络流量的预训练模型可以利用大规模的原始数据学习网络流量的本质特征，在不考虑具体下游任务的情况下为输入流量生成可区分的结果。有效的预训练模型可以显著优化下游任务的训练效率和效果，如应用分类、攻击检测和流量生成等[17]。

近年来，随着互联网行业的发展，网络连接用户的规模不断扩大，移动互联网接入流量也在快速增长。工业和信息化部发布的 2023 年通信业统计公报数据显示，2023 年移动互联网接入流量达到了 3 015 亿 GB，比上一年增长了 15.2%，如图 3-20 所示。此外，截至 2023 年年底，移动互联网用户已达 15.17 亿户，全年净增 6 316 万户，体现了移动互联网在日常生活中越来越重要的地位和用户对数字化服务日益增长的需求。

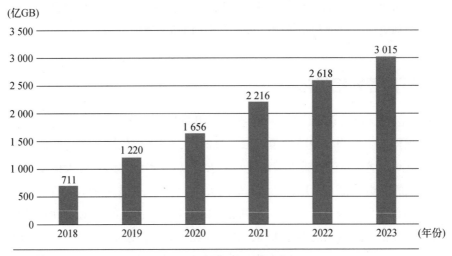

图3-20　2018—2023年移动互联网接入流量
数据来源：共研产业咨询

网络流量作为记录和反映网络及其用户活动的重要载体，几乎可以跟所有与网络相关的活动联系在一起。对于网络威胁而言，网络流量特征正是黑客入侵及其他威胁行为发生时会随之产生的重要特征。对于网络攻击而言，不论攻击成功与否，攻击行为的载体只可能是网络流量。通过对积累的异常行为和网络攻击的数据特征进行深入研究，再将研究结果用于网络流量的深度检测，可以突破目前的瓶颈，增强对未知威胁的识别能力和上报能力。

按照流程，GPT流量智能分析系统需将采集到的数据进行处理后入库，然后从数据库中提取要分析的数据，使用智能分析模块进行分析，最终提供异常行为监测、威胁监测，以及数据共享配置管理。通过分析网络拓扑和设备配置要求，GPT还可以生成符合最佳实践的配置模板，并自动应用到网络设备中，提高配置的一致性和准确性。对海量的网络流量数据进行收集和处理后，经由GPT模型的分析，可以自动感知网络明文流量中的异常行为、异常流量并及时报警，达到识别非法应用协议、网络攻击行为的目的，提升用户应对系统异常行为的效率。

此外，GPT还能够通过分析移动通信网络的大量数据，识别网络拥塞、性能瓶颈和故障等问题，并对其变化趋势进行分析，为网络工程师提供优化建议。它还可以通过学习历史数据和实时监测，更好地理解网络流量模式，预测网络流量需求。在此基础上，GPT

将进一步优化网络的宽带分配和路由策略，从而帮助网络运营商调整网络资源分配，提供更好的用户体验和服务质量。例如对流量较大的区域和时段提前预测并进行配置调度，对流量较小的区域和时段智能关断部分基站，在节约成本的同时，保障通信网络能够长期处于最佳的工作状态。

3.5.2　无线网络覆盖优化

随着移动通信技术的发展，6G 网络对移动通信网络的覆盖、容量、时延等提出了更高的需求，即要求全球范围内达到无缝覆盖，支持高速数据传输，用户面、控制面时延更短等。6G 愿景下的网络覆盖将构建跨地域、跨空域、跨海域的空天地海一体化网络，实现真正意义上的全球无缝覆盖。由此可见，覆盖问题是移动通信网络需要解决的重要问题之一，尤其是在无线网络部署初期和后期。

移动通信网络的覆盖与天馈参数、系统配置、电磁干扰、地形地貌、天气环境等众多因素相关。如图 3-21 所示，目前，移动通信网络普遍采用扇区化天线，由于站址、天线挂高、天线增益等一般在无线网络部署初期已确定，因此影响覆盖的天馈参数主要考虑方位角、下倾角和发射功率。

图3-21　无线网络覆盖

无线网络的覆盖程度决定了通信网络的质量。统计显示，LTE 网络中各设备商的无线参数总和已经超过 8 000 个，仅仅依靠人工经验很难进行精细化配置。有学者提出利用 AI 技术对通信网络进行系统分析，可实现精准的网络参数配置[18]，在此基础上可以引入 GPT 相关技术。GPT 可以协助移动通信网络中的资源管理，包括频谱资源、天线配置和能量分配等。在无线网络覆盖优化中，GPT 同样可以根据实时环境和网络条件，优化资源利用效率，提高网络容量和覆盖范围，从而降低覆盖优化的复杂度，提高优化效率和优化准确度。

例如，在面对TopN小区覆盖问题时，利用GPT训练图神经网络（Graph Neural Network，GNN）模型，可以构建区域覆盖模型，并输入影响覆盖的特征信息，例如基站结构、参数配置等数据[19]。然后，通过隐含层进行模型训练和特征学习，当算法迭代到一定程度时，可通过高层特征表述出覆盖预测模型、推荐参数取值及指导无线参数的调整与配置。另外，GPT还可以帮助运营商将站点的大规模多输入多输出（massive Multi-Input Multi-Output，mMIMO）天线的波束覆盖和传输形态纳入考虑范围，解决目标用户因在室内和地面上高度不同而引起的各种信号覆盖差异问题，并充分利用mMIMO天线的3D特性和周边环境特征，保证站点规划的准确性，更好地实现无线网络的覆盖优化。

无线网络的覆盖优化不仅限于参数调整，还涉及复杂的环境因素和用户需求的动态变化。GPT能够通过学习和分析历史数据及实时监测网络状态，识别出网络流量的规律和趋势，预测未来的网络需求。这种预测能力使得网络运营商能够提前调整资源分配，避免网络拥塞和性能下降。例如，在高峰期前夕，GPT可以建议预先增加带宽或优化路由，以确保用户在高流量时期仍能获得流畅的服务体验。

通过实时监测网络状态，GPT可以动态调整网络的配置，及时响应突发状况，最大限度地减少用户受到的影响。例如，它可以针对不同业务的需求，优化数据传输路径和带宽分配，提升整体网络效率。对于视频传输等高带宽需求的业务，GPT可以建议采用更高效的压缩算法和优先级策略，以减少延迟和卡顿现象。对于物联网设备的海量连接需求，GPT可以优化连接管理和资源调度，提高设备连接的稳定性和响应速度。对于远程医疗和自动驾驶等超低时延和高可靠需求的场景，GPT可以帮助优化网络传输协议和数据优先级分配，以确保实时性和安全性。

3.5.3 网络信令追踪

信令信息是指通信系统中的控制指令，又称"信令"，它主要用于处理和控制通信过程。信令消息在移动通信网络中扮演着至关重要的角色，它们不仅承载用户数据，还负责控制信息的传递，包括呼叫建立、维护、拆除及各种服务的管理。如图3-22所示，信令数据主要具有数据体量大、不固定及波动明显等特点[1]。

有效的信令消息追踪方法可以帮助运营商优化网络性能、监控网络运行状态及迅速定位并解决问题，从而提升整个通信系统的效率和稳定性。通过实时收集网络中的信令数据和对信令信息的处理，可以识别和预测网络中可能出现的异常和瓶颈，从而对通信过程进行监控管理和优化，提升通信的质量和效率。而移动通信系统信令消息的追踪方法涉及网络优化、性能监控及问题定位等多个方面，是电信设备管理和故障排查中的关键技术。

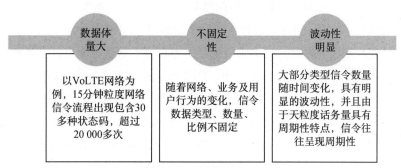

图3-22 信令数据特点

参考文献 [19] 中提出了 AI 信令追踪措施，在此基础上引入了 GPT 相关技术，能够利用 GPT 技术通过其强大的数据处理和分析能力，监测和分析大量的信令信息，以便发现潜在的故障或异常情况，从而掌握网络的实际运行状况。同时，GPT 可通过比对正常和异常信令流程，快速定位故障所在，并提供故障诊断报告，进而可以实现对故障的自动修复，从而缩短网络中断时间，降低运维成本。除此之外，根据实时的信令信息和用户需求，基于 GPT 的信令追踪可以预测网络的流量需求，动态管理、分配和调度资源，以适应时间、区域和用户类型的变化。同时，也可以分析和监测用户连接过程中的信令信息和延迟情况，及时发现并解决影响用户体验的问题，如延迟高、信号弱等，以提升用户的满意度，保障网络环境的稳定高效。基于 GPT 的网络信令追踪过程如图 3-23所示。

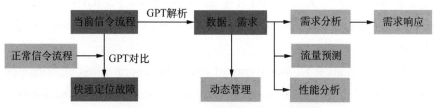

图3-23 基于GPT的网络信令追踪过程

3.6 本章小结

GPT 在促进通信网络智能自治中的作用不可小觑，并且已经初步实现了在网络规划、切片部署、网络运维和网络优化等领域的具体应用。在网络规划中，GPT 不仅可以在网络规划中给出专业规划工具的代码、脚本等，还可以识别和解析用户输入的各种形式，从而帮助专业的规划人员更准确、高效地分析用户意图，并给出相应的规划方案，大幅提升工作效率。在切片部署中，GPT 可以辅助网络切片管理，并根据不同业务需求选择最合适的算法进行链路映射，优化 NFV 过程。在网络运维中，GPT 在异常检测、故障诊断、事件预警、智能决策这几个典型的运维应用场景中都起到了重要的作用，有效地提升了网络的稳定性和可靠性。最后，在网络优化中，GPT 可以通过自主检测、分析和操作实现网络的自我校正和优化，显著提升了网络的效率和稳定性，同时提供了更好的用户体验。

未来，GPT 还将在网络安全防御等方面实现更多的应用，主要体现在它们能够辅助识别管理和防御网络威胁。GPT 可以用于分析网络安全事件的描述，帮助理解攻击的模式和动机。GPT 可以模拟攻击者的行为，生成测试网络安全防御能力的仿真攻击。GPT 还能够协助开发更精准的入侵检测系统，通过持续的学习和适应新的威胁模式来提升防御能力。而在网络安全性方面，智能化的防御机制能够快速识别并响应新的威胁，保护网络免受攻击。

参 考 文 献

[1] GSMA. 智能自治网络案例报告[R]. 2019.

[2] Gelenbe E, Domanska J, Fröhlich P, et al. Self-aware networks that optimize security, QoS, and energy[J]. Proceedings of the IEEE, 2020, 108(7): 1150–1167.

[3] ITU-R. Framework and overall objectives of the future development of IMT for 2030 and beyond. 2023, https://www.itu.int/en/ITU-R/study-groups/rsg5/rwp5d/imt-2030/Pages/default.aspx.

[4] Shakya S, Roushdy A, Khargharia H S, et al. AI based 5G RAN planning[C]//2021 International Symposium on Networks, Computers and Communications (ISNCC). IEEE, 2021: 1–6.

[5] Vijayakumar D, Nema R K. Superiority of PSO relay coordination algorithm over non-linear programming: A Comparison[C]//2008 Joint International Conference on Power System Technology and IEEE Power India Conference. IEEE, 2008: 1–6.

[6] Liu J, Chen Z X, Dong W H, et al. Microwave integrated circuits design with relational induction neural network[J]. arXiv preprint arXiv:1901.02069, 2019.

[7] Dangi R, Choudhary G, Dragoni N, et al. 6G Mobile Networks: Key Technologies, Directions, and Advances[C]//Telecom. MDPI, 2023, 4(4): 836–876.

[8] Dangi R, Jadhav A, Choudhary G, et al. ML–Based 5G Network Slicing Security: A Comprehensive Survey[J]. Future Internet 2022, 14(4).

[9] Dogra A, Jha R K, Jain S. A survey on beyond 5G network with the advent of 6G: Architecture and emerging technologies[J]. IEEE access, 2020, 9: 67512–67547.

[10] Afolabi I, Taleb T, Samdanis K, et al. Network slicing and softwarization: A survey on principles, enabling technologies, and solutions[J]. IEEE Communications Surveys & Tutorials, 2018, 20(3): 2429–2453.

[11] Dandoush A, Kumarskandpriya V, Uddin M, et al. Large Language Models meet Network Slicing Management and Orchestration[J]. arXiv preprint arXiv:2403.13721, 2024.

[12] Bandara E, Foytik P, Shetty S, et al. SliceGPT–OpenAI GPT–3.5 LLM, Blockchain and Non–Fungible Token Enabled Intelligent 5G/6G Network Slice Broker and Marketplace[C] //2024 IEEE 21st Consumer Communications & Networking Conference (CCNC). IEEE, 2024: 439–445.

[13] 吴强，徐鑫，刘国燕. 基于 SDN 技术的数据中心基础网络构建[J]. 电信科学，2013，29(1): 130–133.

[14] 裴丹，张圣林，孙永谦，等. 大语言模型时代的智能运维[J]. 中兴通讯技术，2024，30(2): 56–62. DOI: 10.12142/ZTETJ.202402009.

[15] ZTE中兴. 5G网络智能化白皮书[R]. 2018.

[16] Wang J, Zhang L, Yang Y, et al. Network Meets ChatGPT: Intent Autonomous Management, Control and Operation[J]. Journal of Communications and Information Networks, 2023, 8(3): 239–255.

[17] Meng X, Lin C, Wang Y, et al. NetGPT: Generative pretrained transformer for network traffic[J]. arXiv preprint arXiv:2304.09513, 2023.

[18] 屈军锁，唐晨雪，蔡星，等. 人工智能与通信网络融合趋势[J]. 西安邮电大学学报，2021, 5: 26.

[19] Hu Z, Dong Y, Wang K, et al. GPT–GNN: Generative pre–training of graph neural networks[C]//Proceedings of the 26th ACM SIGKDD International Conference on Knowledge Discovery & Data Mining. 2020: 1857–1867.

第 **4** 章

未来网络对 GPT 应用的
支撑和优化

过去 20 年，通信网络完成了"人联""物联"的发展，面向 2030 年及未来，人类社会将步入智能化的新时代。在这个时代，社会服务将更加均衡和高效，社会治理将更加科学和精准，社会发展将更加绿色和节能。而未来网络技术将是实现这些目标的重要支撑，它会从服务人和物，发展到服务智能体，并实现与 GPT 的高效连接。未来网络技术将进一步支持 GPT 应用，通过人、机、物的智能互联，服务智慧化的生产和生活，满足经济社会的高质量发展，推动构建普惠智能的人类社会。

本章将在了解 GPT 赋能通信网络，以及通信网络保障 GPT 应用落地的基础上，继续研究未来网络对 GPT 应用的支撑与优化，包括未来网络设计的典型思路，以及未来网络如何支持 GPT 能力下沉。

4.1 万物智联时代GPT的定位

未来，网络将通过人、机、物的智能互联和协同共生，满足经济社会的高质量发展，服务智慧化的生产和生活，推动构建普惠智能的人类社会。被 AI 赋能的未来网络就像一个巨大的分布式神经网络，它集成了通信、感知、计算等多种能力，能够深度融合物理世界、生物世界和数字世界，真正开启"万物智联"的新时代。如图 4-1 所示，GPT 作为最新的 AI 应用，将助力实现人联和物联的跨越，将智能带给每一个人、每一个家庭与每一个企业，引领新的创新浪潮。同时，"万物智联"的未来网络同样也将实现对 GPT 的原生支持，为 GPT 的训练和优化提供海量数据集，支撑 GPT 更广泛、更便捷的应用。

图4-1　"万物智联"时代GPT的定位

未来 GPT 大模型将成为基础设施，并且深度融入人们的生活中。在未来网络的赋能下成为像互联网对于现代生活一样的常态工具。AI 和 IoT 技术的结合更成了一种新的技术趋势——人工智能物联网（Artificial Intelligence Internet of Things，AIoT），它是未来产业发展的核心驱动力，推动现在的"万物互联"向未来的"万物智联"进化。GPT 的智能终端是未来 AIoT 商业化落地的重要一环，GPT 将作为空间感知的入口、决策执行的出口与算力的主要提供者，通过网络连接实现云边端的算力协同，提高算力效率，降低算力成本；通过网络实现数据的实时共享，真正做到"数据上行"和"知识下行"，在降低网络成本和业务延迟的前提下，提升用户体验；通过开放性的行业知识平台，持续将业务数据转化为行业知识，并不断迭代和优化算法，提高 AIoT 价值的上限，打通智能终端、算法、算力的一体化闭环，使 AIoT 具备商业化的基础[1]。

（1）零售和电子商务

在零售和电子商务中，领先于消费者的期望至关重要，而 GPT 可能是实现这一目标的关键。如图 4-2 所示，零售和 AI 的结合正在重新定义购物体验，使其更加个性化和高效。有效的库存管理是在满足客户需求和最小化持有成本之间取得平衡的行为。通过分析历史销售数据，以及进行需求预测和市场趋势分析，GPT 能够帮助零售商优化库存水平。[2]其中，真正的关键是能够使用自然语言查询这些庞大的数据集，从而轻松获得见解并采取行动。这不仅可以降低库存过剩或库存不足的风险，还可以确保在客户需要时有产品供应，从而提高整体的客户满意度。

图4-2 AIoT智能零售和电子商务应用

（2）医疗保健

众所周知，发现和开发新药的过程十分漫长、复杂和昂贵。如图 4-3 所示，未来 GPT

的应用有望改变这一模式。通过模拟分子相互作用并预测潜在的候选药物，GPT 可以加快药物发现的速度。这不仅加速了创新，还降低了与研发相关的成本。其结果是，将救命疗法推向市场渠道的速度更快了。

图4-3　GPT智能医疗保健分析

通过分析大量数据点，包括基因图谱、病史和生活方式等因素，GPT 可以推荐不仅有效而且微创的治疗策略[3]。具体到治疗方面，每位患者的身体状况理论上都是独一无二的，因此他们的医疗保健和治疗方案也应体现出这种差异性。生成式人工智能有可能在根据每位患者的具体需求制定个性化治疗方案方面发挥重要作用。

（3）农业种植

精准农业可以利用 GPT 相关的工具分析来自传感器、卫星和无人机的数据，从而绘制详细的田地地图。这些地图提供了有关土壤健康、湿度和作物生长的见解，使农民能够优化灌溉、施肥和种植模式，提高作物产量，减少资源消耗，提升可持续性。与此同时，尽早发现农作物疾病对于最大限度地减少农作物损失至关重要。生成式人工智能通过分析农作物和叶子的图像来识别疾病、营养缺乏和虫害的迹象，在这一领域发挥着至关重要的作用。

如图 4-4 所示，将 GPT 融入农业不仅是为了改善农场运营，也是为了培育可持续的未来。它使农民能够用更少的资源生产出更多的产品，最大限度地减少对环境的影响，并为全球粮食安全做出贡献[4]。

随着 GPT 技术的不断发展和网络基础设施的完善，GPT 在万物智联时代的应用将变得更加广泛和深入。它不仅改变着各个行业的运作方式，还将深刻影响人们的日常生活，推动社会的全面智能化和高质量发展。通过不断创新和优化，GPT 有望在未来的智能世界中扮演更加重要和不可或缺的角色。

图4-4 智能农业应用

4.2 未来网络设计的典型思路和方案

未来网络的设计涉及多个领域和技术，如物联网、云计算、人工智能、区块链、网络安全等，针对不同的应用场景和需求，需要提供不同的思路和方案。秉承的设计理念应该具有兼容性、跨域设计、分布式设计、至简性、安全性、内生设计等，实现继承式创新，并确保多种新增能力的一体化接入，使网络架构更灵活、更简洁、更安全，同时，需要更加主动地引入 AI 技术[5]。

6G 网络将通过不断的自主学习和设备间协作，持续为整个社会赋能赋智，把 AI 的服务和应用，例如 GPT 推到每个终端用户，让实时、可靠的 AI 智能成为每个人、每个家庭、每个行业的忠实伙伴，实现真正的普惠智能[5]。新的网络架构需要灵活地适配协同感知、分布式学习等任务，以实现 GPT 应用的大规模普及。在未来网络针对 GPT 技术的架构设计中，需要实现 GPT 在网络中的原生化，从网络设计之初就考虑对 GPT 技术的支持，而不只是将 GPT 作为优化的工具。

无线系统架构 NET4AI 可以为 6G 系统中 GPT 应用的原生支持提供解决方案，为 AI 计算服务提供端到端的支持。例如，华为 6G 研究团队提出的 NET4AI 系统架构[6]，它包含控制平面和计算平面。控制平面除了提供传统的终端管理功能外，还会管理 AI 计算服务，并控制这些服务的作业执行和任务执行。控制平面有许多实体，包括业务管理器、编排器、资源管理器、接入管理器、作业管理器与任务管理器等。计算平面控制 AI 计算服务例程的执行，支持业务功能之间进行数据通信。计算平面包含例程管理器及转发子平面，转发平面对应 3GPP 5G 系统架构中的用户平面，包含转发平面功能和 RAN 节点，而转发平面的功能可以与 RAN 节点集成[7]。

如图 4-5 所示，该系统架构在各实体通信接口之间建立了链路，支持以服务为粒度来定义或创建链路。通过授权的应用控制器，可以在 NET4AI 系统中注册 AI 计算服务，应用控制器归属服务提供商，负责管理 AI 计算服务。注册就是一个将计算服务实例化的过程：在一个或多个网络位置（如边缘云）将计算服务的具体业务功能实例化。注册完成后，NET4AI 系统通过协同执行 AI 计算服务的例程、任务和作业控制 AI 计算服务的操作。

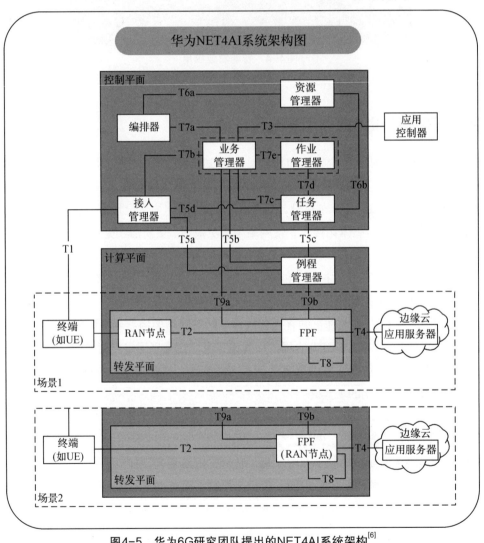

图4-5　华为6G研究团队提出的NET4AI系统架构[6]

除了原生支持 GPT 应用，未来网络还需要包括新的特性，比如原生数据保护、原生可信、原生多元生态系统等，普惠智能网络如图 4-6 所示。此处的"可信"涵盖了网络安全、隐私、韧性、功能安全、可靠性等多个方面[8]，要求未来网络设计必须注重网络安全和隐私保护[9]，采取多层次、全方位的安全防护措施。未来网络原生支持各种类型的网络接入，构成实现普惠智能的多元生态系统。为普惠智能助力的是，人工智能技术将内生于未来移动通信系统，通过无线架构、无线数据、无线算法和无线应用等呈现出新的智能网络技术体系。

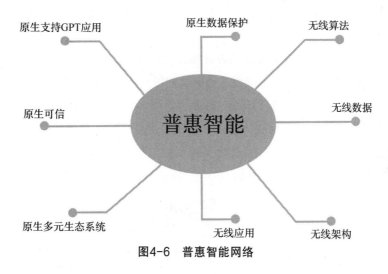

图4-6 普惠智能网络

4.2.1 云原生

云原生的概念由 Matt Stine 首先提出，是一系列云计算技术体系和工程管理方法的集合，既包含实现云原生的关键技术，也包含工程实践的方法论[10]。通常认为，云原生架构包括容器、微服务、服务网格、DevOps 等关键技术[11]。云原生又涵盖了很多内容，未来网络需要借助这些"原生特征"，结合 GPT 带来的便利，进行长远设计。

（1）原生支持 GPT 应用

原生支持 GPT 应用是指在设计和开发系统、平台或应用时，直接集成并优化对 GPT 功能的支持[12]。这种集成方式使得 GPT 的能力可以无缝地嵌入和利用，提供更流畅、更高效的用户体验和功能。技术的成熟、平台与工具的完善、行业应用的深入、用户体验的提升及安全隐私保护的加强，都是原生支持 GPT 应用现状的重要组成部分。例如，现有的低秩适应（Low-Rank Adaptation，LoRA）技术可以对大型语言模型（Large Language Model，LLM）进行轻量级微调，以适应特定的应用场景和减少计算资源的消耗[13]。这有助于在边缘设备上实现 GPT 模型的原生支持。

（2）原生数据保护

原生数据保护是指在系统或应用程序的设计和开发过程中，内嵌和集成的数据保护机制。这些机制旨在确保数据的安全性、完整性和隐私性，从而防止未经授权的访问、泄露、篡改和丢失。相关调研数据显示，如今每 11s 就会发生一起网络攻击事件。与过去相比，环境因素与企业数字化转型深入共同使得数据保护方向正在发生从功能为主到整体策略为主，从备份数据孤岛到统一备份存储池，从以传统方法为主到与现代技术结合的迅速变化。

（3）原生可信

原生可信是指在系统或应用程序的设计和开发过程中，内嵌和集成的可信赖机制。这些机制旨在确保系统的安全性、可靠性、透明性和可审计性，从而提升用户和业务对系统的信任度。此处的"可信"涵盖了安全、隐私、韧性、可靠性等多个方面，要求未来网络设计必须注重网络安全和隐私保护，采取多层次、全方位的安全防护措施。其中，安全、隐私和韧性是 6G 可信的三大支柱，每个支柱又包含几个不同的属性。基于这三大支柱，6G 可信网络的架构设计如图 4-7 所示。

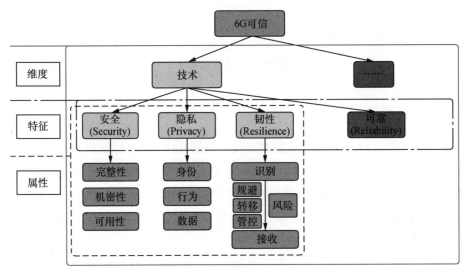

图4-7　6G可信网络的架构设计

（4）原生多元生态系统

原生多元生态系统是指在系统或应用程序的设计和开发过程中，内嵌和集成的多样化和互操作性机制。这些机制旨在支持不同平台、技术、应用和服务之间的无缝集成和协作，形成一个开放、灵活和可扩展的生态系统。未来，原生生态系统将会使未来网络具备更高的智能化水平、安全性和用户体验。通过互操作性、开放性和多样化支持，网络系统能够更好地适应变化的需求，提供更优质的服务，推动技术创新和产业发展。

4.2.2　无线技术新体系

通信技术在过去十几年的进步使无线网络的发展日新月异，突飞猛进，而计算技术和无线技术在通信领域不断深入的应用催生了云计算和物联网的发展[14]。不同的无线技术在组网、功耗、通信距离、安全性等方面各有差别，因此拥有不同的适用场景。无线技术主要包括无线架构、无线数据、无线算法和无线应用等，它们在不同对象、不同场景、不同 GPT 应用中有所不同和侧重，但它们共同创造出新的智能网络技术体系。在大数据时代 GPT 的参与下，无线技术同样能发挥出更多作用[15]。

（1）无线架构

无线架构是一种设计理念，旨在创建具有高度可扩展性和灵活性的系统，能够不断地适应和扩展以满足日益增长的需求，包括可扩展性、灵活性、高可用性、数据驱动等特征。图 4-8 展示了无线组网中典型的大规模无线组网架构。

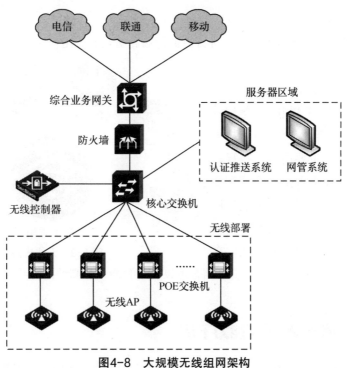

图4-8　大规模无线组网架构

（2）无线数据

无线数据传输是在有线数据传输的基础上，通过射频技术实现无线数据传输，为数据传输的无线化、移动化、数字化提供快捷方便的渠道，是数据传输的有效手段和广泛应用的技术[16]。这些数据可以包括各种形式的信息，如语音、文本、图像、视频和其他数字内容。在未来网络设计中，绝大部分数据都将以无线数据形式进行传输，而 GPT 能够提供智能化的预测和优化，以确保资源利用最大化。从用户角度考虑，GPT 通过数据分析和个性化推荐，提升用户体验和满意度，无线数据的灵活性和扩展性确保用户需求能快速得到响应和满足。

（3）无线算法

无线算法是用于管理和优化无线通信网络的数据传输、资源分配、信号处理和网络拓扑的数学方法和计算程序。该技术的目标是提高无线网络的性能，包括数据传输速率、延迟、能效、可靠性和覆盖范围。无线算法广泛应用于各种无线通信系统，如移动网络、Wi-Fi 网络、卫星通信和物联网网络。无线算法可以为 GPT 的广泛应用提供智能优化建议，还可以根据用户需求和网络条件动态调整资源分配策略，分析用户数据，从而提供个性化的服务和体验。

（4）无线应用

无线应用是指利用无线通信技术进行数据传输和交互的应用程序和服务。这些应用程序可以在各种无线网络（如 Wi-Fi、蜂窝网络、蓝牙等）上运行，并支持多种设备（如智能手机、平板电脑、笔记本电脑、物联网设备等）。无线应用技术作为智能化的一个重要内容，在智能终端的开发与设计中占据着十分重要的地位[17]。如图 4-9 所示，无线应用与 GPT 将共同在智能网络管理、个性化服务、边缘计算等方面发挥作用。在

图4-9　无线应用

未来网络建设中，将无线应用与 GPT 结合可以实现智能化和高效的无线通信系统。

4.3　未来网络支持GPT能力下沉

为了支持 GPT 能力下沉，需要网络具有高效且灵活的数据传输能力和强大的分布式

数据处理能力。从网络的部署设计出发，需要降低网络对中心计算的依赖性，在减少不必要的数据回传的同时保障数据的准确性。

为了支持 GPT 能力下沉，需要网络具有高效且灵活的数据传输能力和强大的分布式数据处理能力。从网络的部署设计出发，需要降低网络对中心计算的依赖性，在减少不必要的数据回传的同时保障数据的准确性。

4.3.1　自适应切片

6G 时代，移动网络服务的对象不再只是手机，而是各种类型的设备，比如传感器、车辆等，业务类型也越发多样丰富。如果针对每种典型业务都专门建立特定的网络来满足其独特要求，那么网络成本之高将严重制约业务的发展。同时，若不同业务都承载在相同的基础设施和网元上，网络可能无法同时满足多种业务的不同 QoS 保障需求[18]。

自适应网络切片技术允许创建多个虚拟网络切片，每个网络切片都是一组网络功能及其资源的集合，由这些网络功能形成一个完整的逻辑网络，每一个逻辑网络都能以特定的网络特征来满足对应的业务需求。通过网络功能和协议定制，网络切片为不同业务场景提供所匹配的网络功能。其中，每个切片都可以独立按照业务场景的需要和话务模型进行网络功能的定制裁剪和相应网络资源的编排管理，是对 6G 网络架构的实例化。这种灵活性使得 6G 网络可以同时支持多种有特定性能需求的服务和应用，如延迟敏感型应用和大带宽应用。自适应切片的核心在于，能够根据实时的网络条件和服务需求，动态调整资源的分配[19]。在面对 GPT 的高性能计算需求时，自适应网络切片显示出其独特的优势。如图 4-10 所示，网络切片作为提供服务的方式可以应用于多种垂直行业，根据应用场景、业务类型按需提供网络能力，切片间相互隔离、互不干扰。

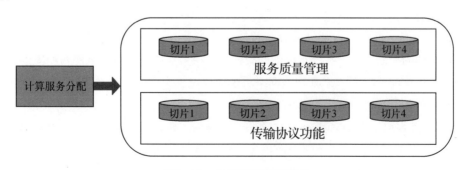

图4-10　分层网络切片管理

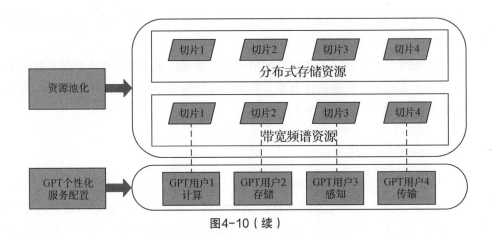

图4-10（续）

4.3.2 分布式学习

随着 AI 技术的发展，分布式学习将逐步成为未来 6G 网络提升 AI 性能和效率的重要途径，如图 4-11 所示。通过分布式学习可以扩充样本空间，部署更大模型，设计全局优化算法，并提升网络的 AI 开发和训练效率[20]。

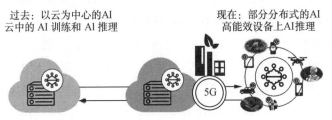

图4-11 AI分布式学习的渐进过程

在智能服务方面，分布式学习能够使各智能节点在学习中交互信息，共享应用学习经验，且其在网络智能最为常见的分布智能决策中具有重要的应用价值，具体包括：一般移动智能体的控制决策、各分布设施的智能推荐决策、环境监测的事件判断决策及网络自身的参数优化配置等[21]。未来智能网络将形成传统集中训练支持系统全局智能应用、分布式学习支持各分布节点自主智能的新模式。

如图 4-12 所示，趋动科技 OrionX 提出了一种 AI 分布式训练架构，可以将多台服务器的 GPU 资源聚合后提供给单一虚拟机或者容器使用，从而支持大模型训练等场景，为用户的 AI 应用提供数据中心级的海量算力[22]。与传统的端到云的传输—计算相对隔离的运作模式相比，采用分布式学习的最大特点是分布式的网络计算融合，通过网络中分布式可计算节点的参与，减少冗余数据的传输，从而降低系统通信代价，提升计算效率。联邦学习就是一个典型的通信—计算、网络—智能相互作用的系统。传统的联邦学习框架下，多个分布式节点利用本地的局部数据进行训练，并周期性地进行模型上传，模型参数在中心进行整合更新后再分发至各节点。其中，通信为数据的传递和节点间信息的交互提供支撑，而计算过程则影响系统的调度和模型的准确度，通信与计算相互耦合，共同决定了系统的可靠性和效率[23]。

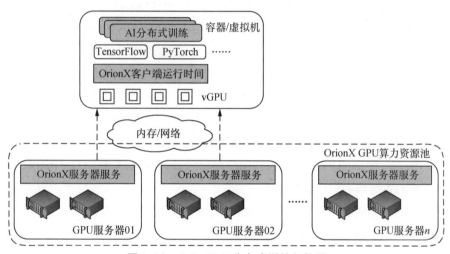

图4-12　OrionX AI分布式训练架构图

4.4　本章小结

本章在深入探讨GPT赋能通信网络，以及通信网络如何保障GPT应用落地的基础上，进一步研究了未来网络对GPT应用的支撑与优化，并从多个角度探讨了如何通过网络的创新设计来更好地服务于GPT等大模型的应用需求。

首先，从万物智联的时代背景出发，明确了GPT在未来智能社会中的定位，探讨了其作为智能中枢在推动各行业数字化转型中的潜在价值。其次，在网络架构设计方面，介绍了未来网络设计的典型思路和方案，主要围绕云原生架构和无线技术新体系展开。最后，在未来网络支持GPT能力下沉的讨论中，本章详细介绍了两大关键技术：自适应切片和分布式学习。

综上所述，本章通过对未来网络架构及其关键技术的深入分析，揭示了如何通过网络设计的优化，提升 GPT 等大模型的应用能力，确保其在未来智能社会中的广泛应用与落地。通过这些研究和探索，我们不仅能够更好地理解未来网络在支持和优化 GPT 应用中的重要性，还能为未来智能网络的设计和实施提供理论支持和实践参考。

参 考 文 献

[1] Al-Fuqaha A, Guizani M, Mohammadi M, et al. Internet of things: A survey on enabling technologies, protocols, and applications[J]. IEEE communications surveys & tutorials, 2015, 17(4): 2347-2376.

[2] Tong W, Peng C, Yang T, et al. Ten issues of NetGPT[J]. arXiv preprint arXiv:2311.13106, 2023.

[3] 刘志红，陈听雨. 人工智能：医学发展的新动力[J]. 肾脏病与透析肾移植杂志，2021，30(1): 6.DOI:10.3969/j.issn.1006-298X.2021.01.001.

[4] 黄怡，米国华. ChatGPT在农业领域的应用前景分析与策略建议[J]. 中国农学通报，2024，40(19): 149-153.

[5] 中国移动通信集团有限公司. 中国移动6G网络架构技术白皮书[R]. 2022.

[6] 华为. NET4AI：6G支持AI即服务. 2022.

[7] Jiao L, Shao Y, Sun L, et al. Advanced Deep Learning Models for 6G: Overview, Opportunities and Challenges[J]. IEEE Access, 2024.

[8] Edward R G, Chris G, David A W, Martin J B. Framework for cyber-physical systems: Volume 1, overview[J]. NIST Special Publication, 2017: 1500-201.

[9] 华为. 6G：无线通信新征程白皮书[R]. 2022.

[10]杨文强，王友祥，唐雄燕，等. 面向云原生的5G核心网云化架构和演进策略[J]. 邮电设计技术，2021，(3): 12-15.

[11]CNCF Cloud Native Definition v1.0[EB/OL]. [2020-11-11]. https://github.com/cncf/toc/blob/master/DEFINITION.md.

[12]Open source communities demonstrate end-to-end 5G cloud native network[Z]. 2020.

[13]陈宇轩，李荣鹏，张宏纲. NetGPT：超越个性化生成服务的内生智能网络架构[J]. 中兴通讯技术，2023，29(5): 68-75.

[14]郭萍. 无线网络认证体系结构及相关技术研究[D]. 南京理工大学，2012.

[15]谌丽，艾明，孙韶辉. 基于AI内生的无线接入网络架构[J]. 无线电通信技术，2022，48 (4): 574–582.

[16]赖鹏. 短距离无线数据传输系统的设计[D]. 厦门大学，2014.

[17]王作辉. 智能终端无线应用技术的研究与实现[D]. 华中科技大学，2004.

[18]李琴，李唯源，孙晓文，等. 6G 网络智能内生的思考[J]. 电信科学，2021，37(9): 20–29.

[19]任驰，马瑞涛. 网络切片：构建可定制化的5G网络[J]. 中兴通讯技术，2018, 24(1): 26–30.

[20]Mühlenbrock M, Tewissen F, Hoppe U. A framework system for intelligent support in open distributed learning environments[J]. International Journal of Artificial Intelligence in Education, 1998, 9: 256–274.

[21]Chen M, Gündüz D, Huang K, et al. Distributed learning in wireless networks: Recent progress and future challenges[J]. IEEE Journal on Selected Areas in Communications, 2021, 39(12): 3579–3605.

[22]趋动科技. OrionX AI 算力资源池化解决方案技术白皮书[R]. 2021.

[23]周一青，李国杰. 未来移动通信系统中的通信与计算融合[J]. 电信科学，2018，34(3): 1–7.

第 **5** 章

支持 GPT 应用的边缘智能

随着人工智能技术的迅猛发展，尤其是 GPT 等大模型的广泛应用，通信行业迎来了前所未有的变革。在第 4 章中也介绍了未来网络对 GPT 应用的支撑与优化。然而，随着应用场景的复杂化及用户需求的多样化，传统的中心化计算模式逐渐暴露出了一些瓶颈。尤其是在实时性要求较高的应用场景中，数据的传输延迟和计算资源的集中负载使得中心化模式难以满足高效、低延迟的处理需求。在这样的背景下，边缘智能的概念应运而生，并逐渐成为支撑 GPT 应用落地的重要技术路径。

边缘智能在与 GPT 等大模型结合时展现出了显著的优势：一方面，边缘智能可以将大模型的部分推理任务下沉到边缘节点，缓解中心节点的计算压力；另一方面，它还能在网络边缘提供定制化的服务，满足用户对实时性和个性化的需求。此外，边缘智能还能够在一定程度上提升数据的隐私性和安全性，避免敏感数据在传输过程中面临的潜在风险。本章将围绕支持 GPT 应用的边缘智能展开详细讨论，包括边缘智能概述、GPT 在边缘智能的应用及实现 GPT 在边缘部署时对网络 KPI 的需求。

5.1 边缘智能概述

边缘智能是指结合了边缘计算和 AI 的技术，通过在靠近数据源的边缘设备上进行数据处理和 AI 计算，提供实时响应、节省带宽和提升数据隐私性的解决方案。随着 IoT 设备的普及和 AI 技术的进步，传统的集中式计算架构面临带宽压力、延迟和数据隐私等挑战。边缘智能作为一种新兴的计算范式，通过在数据生成的边缘设备上进行智能数据处理，提供高效、低延迟的解决方案。

5.1.1 概念演进

近几年，随着云计算、大数据、AI 等技术的快速发展，以及各种应用场景的不断成熟，越来越多的数据需要上传到云端进行处理，给云计算带来了较大的工作负担[1]。边缘智能的出现满足了行业数字化在敏捷连接、实时业务、数据优化、应用智能、安全与隐私保护等方面的关键需求[2]。

如图 5-1 所示，边缘智能最初可追溯到分布式计算的发展[3]。通过将计算任务分解成多个子任务，更高效地处理大规模的语言模型训练，在泛化能力上取得显著的进展。边缘智能的进一步演进在于将感知、计算和决策深度融合为一个整体。感知阶段的关键目标是收集高质量的数据，为后续的计算和决策提供充足的信息基础。随着深度学习和神经网络技术的飞速发展，计算在边缘智能中的角色变得日益重要。边缘设备上的 AI 模型能够解析和理解用户的语言，并做出相应的决策，使得用户与设备之间的交互更为自然和智能。感知、计算和决策的融合提高了系统的智能化水平[4]，通过在边缘设备上实现智能分析和决策，系统能够更快速、更灵活地响应不同的任务和环境变化，为用户提供更为个性化和智能化的服务。

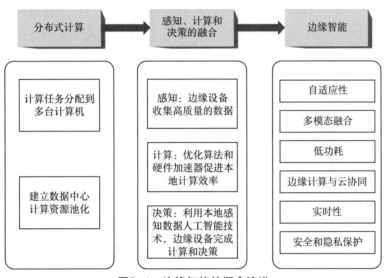

图5-1　边缘智能的概念演进

边缘智能的雏形为边缘计算，其概念在 2000 年初期提出，主要用于优化内容分发网络，将数据和计算资源移至网络边缘，以减少延迟和提高性能。边缘计算是一种分布式计算模式，通过在数据生成的物理位置附近进行计算，减少数据传输到远程数据中心的需求，其主要目的是提升响应速度和节省带宽。边缘计算通过在网络边缘部署计算和存储资源，将云服务从网络核心推送到更靠近物联网设备和数据源的网络边缘，使数据处理更加接近数据源，从而减少延迟并提升整体性能。

如图 5-2 所示，这里的边缘节点可以是附近的终端设备，可通过设备到设备的通信连接到接入点（如 Wi-Fi、路由器、基站）的服务器、网络网关，甚至是可供附近设备使用的微型数据中心。虽然边缘节点的大小各不相同：从信用卡大小的计算机到具有多个服务器机架的微型数据中心，但与信息生成源的物理接近性是边缘计算强调的重要特征[5]。从本质上讲，与传统的基于云计算的范例相比，计算和信息生成源之间的物理接近性有多种好处。

传统智能需要将所有数据上传到中心云服务器进行处理和分析，这种方式在数据传输过程中可能会引发延迟和安全问题。而边缘智能通过将边缘计算与人工智能相结合，在靠近数据源的边缘设备上以分布式的方式完成智能应用任务，本地生成和处理数据。

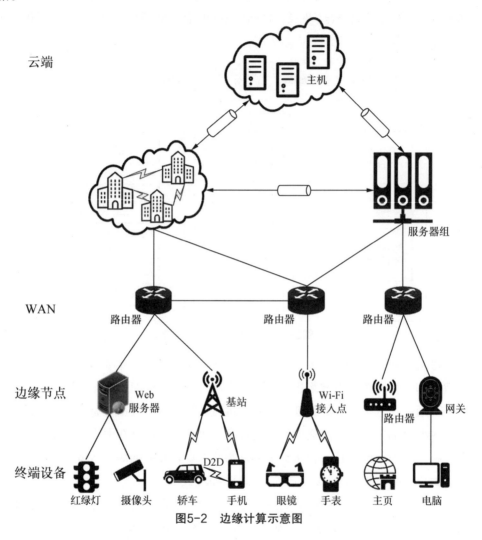

图5-2 边缘计算示意图

这样，不仅减少了数据传输的延迟，提升了实时性和响应速度，还增强了数据的安全性和隐私保护。边缘智能通过在本地进行数据处理和分析，降低了中心服务器的负担，优化了资源使用，适应了多样化的应用需求，提升了系统的整体性能和可靠性。

边缘智能的演进不仅体现了边缘计算技术的逐步成熟，更反映了随着 AI 和深度学习的飞速发展，智能应用在边缘设备上部署的可行性和必要性。近年来，随着生成式 AI 和 GPT 等大模型技术的发展，研究者开始探索这些大模型在边缘设备上的部署和优化。最新的研究主要集中在如何在边缘设备上高效地运行大模型和视觉模型，包括批处理和量化技术，以减少模型的内存使用和推理延迟。

未来，随着6G等高速网络技术的普及和边缘设备计算能力的提升，边缘智能将进一步推动物联网、智慧城市等领域的创新与发展，为我们的生活带来更多智能化的解决方案。同时，针对边缘智能的研究将继续深入，包括更为高效的模型优化策略和更完善的架构设计，以应对不断增长的应用需求与复杂性。在这一过程中，边缘智能将在数字化转型的浪潮中扮演着越来越重要的角色。

5.1.2 关键特征

边缘智能的演进不仅在于其概念的拓展，也体现在其关键特征的不断丰富。边缘智能通过在网络边缘进行数据处理和AI计算，实现了高效、低延迟和增强隐私保护的智能服务。当其兼具GPT泛化能力时，这些特征使得边缘智能在各个行业和应用场景中更具吸引力。以下将从自适应性、多模态融合、低能耗、边缘计算与云协同、实时性、安全和隐私保护等方面详细介绍边缘智能的几个关键特征，如图5-3所示。

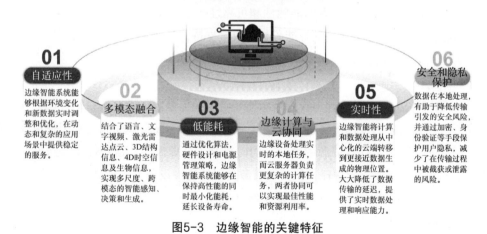

图5-3 边缘智能的关键特征

（1）自适应性[6]

边缘智能系统具有高度自适应性，能够根据环境变化和新数据实时调整和优化。这种自适应性使得边缘智能能够在动态和复杂的应用场景中提供稳定的服务。

首先，边缘智能设备能够感知环境变化并进行动态调整。例如，在智能交通系统中，边缘智能可以根据实时的交通数据动态地调整交通信号灯的控制策略，以优化交通流量。这种动态调整不仅提高了交通效率，还减少了交通拥堵和污染。其次，边缘智能系统能够通过不断的学习和优化，提升自身性能，并可以通过 GPT 的学习能力，不断积累经验和数据，提高预测准确度和网络性能。最后，边缘智能还能够根据环境和任务的变化及不同的应用需求自动地进行灵活调整。例如，在智能家居中，边缘智能设备可以根据用户的行为习惯和环境变化，自动调整家居设备的工作模式，提供个性化服务。

（2）多模态融合 [7]

多模态智能是一种前沿技术，它结合了语言、文字、视频、激光雷达点云、3D 结构信息、4D 时空信息及生物信息，旨在实现多尺度、跨模态的智能感知、决策和生成。通过这种多模态的融合，系统能够更全面地感知和理解复杂的环境和任务场景，从而做出更为准确和可靠的决策。这种智能技术不仅依赖于单一数据源的输入，还能够通过多种不同模态之间的协同作用，提升系统的整体感知能力，使其能够在更多元化的场景中表现出更强的适应性和处理能力。

在边缘智能系统中，先进的数据融合技术得到了广泛应用，这使得系统能够同时处理来自多种传感器的信息，并且有效整合和处理不同类型的数据。这种能力大大提升了边缘智能系统在实时分析和决策中的效率和精度，尤其在面对复杂、多变的环境时，融合多种数据模态能够显著提升决策的准确性和可靠性。通过这种数据的深度融合，边缘智能系统能够提供更全面、更精确的智能分析和决策支持，从而在各种应用场景中展现出卓越的性能和广泛的应用前景。

（3）低能耗 [8]

通过优化算法、硬件设计和电源管理策略，边缘智能系统能够在保持高性能的同时最小化能耗，延长设备的使用寿命。在算法优化方面，边缘智能系统通过采用轻量级、低复杂度的算法，减少了计算资源的消耗，同时提升了处理速度。这些优化算法能够在不牺牲性能的情况下有效降低功耗，从而在资源受限的边缘设备上实现高效的计算与处理。此外，针对不同的应用场景，边缘智能系统还能够动态调整算法的复杂度和计算负载，进一步提高能源的利用效率。

硬件设计也是边缘智能系统降低能耗的关键因素之一。通过采用低功耗处理器、定制化芯片和先进的半导体材料，边缘智能设备在计算效率与功耗之间取得了良好的平衡。设计中还引入了诸如局部处理和数据压缩等技术，减少了数据传输和存储的能源消耗。这些硬件设计的优化不仅提高了系统的整体性能，还显著降低了功耗，使得边缘设备能够在较低的能源消耗下长时间稳定地运行，提供持续可靠的智能服务。

（4）边缘计算与云协同[8]

边缘智能强调边缘计算与云计算的协同工作，以充分利用两者的优势。在数据处理和分析过程中，边缘设备处理实时的、本地的任务，云服务器负责更复杂的、计算密集型的任务，两者通过协同工作，可以实现最佳的性能和资源利用率。

边缘计算与云计算协同工作，构成分布式计算架构。在这种架构中，边缘设备和云服务器相互协作，共同完成数据处理任务。例如，边缘设备可以在本地处理和存储实时数据，而云服务器则负责大规模数据的分析和存储。边缘计算与云协同的工作方式能够显著提高系统的整体效率，减少数据传输延迟和带宽消耗。在智能制造中，边缘设备可以实时监控生产线的状态，并将重要的数据传输到云端进行深入分析和优化。

（5）实时性[8]

边缘智能通过在数据源附近进行计算，能够将计算和数据处理从中心化的云端转移到更接近数据生成的物理位置，从而减少了数据在网络上传输的距离和时间，大大降低了数据传输的延迟，提供了实时的数据处理和响应能力。这对于需要实时决策的应用场景尤为关键，例如自动驾驶、工业物联网和智能家居等领域，这些场景要求系统能够在毫秒级的时间内做出反应。

边缘智能系统不仅能够在数据生成的物理位置附近进行实时处理，还能够在资源受限的设备上运行复杂的算法和GPT等模型。通过将智能分析和决策过程下放到边缘设备，系统能够更迅速地响应用户需求，减少了数据在网络上传输的次数和时间。这不仅降低了通信延迟，还提高了用户体验，使得边缘智能在各种需要快速反应的应用场景中展现出巨大的潜力和优势。

（6）安全和隐私保护[7]

由于数据在本地处理，边缘智能有助于降低因数据传输而引发的安全风险，并通过加密、身份验证等手段保护用户隐私。由于数据在本地处理和存储，减少了在传输过程中被截获或泄露的风险。边缘智能系统通常配备了多层安全机制，如数据加密和访问控制，以确保数据的安全性和隐私性。

此外，在边缘智能系统中引入隐私保护技术，如差分隐私和联邦学习，以在保证数据隐私的前提下实现智能分析。例如，在医疗健康领域，边缘智能可以通过联邦学习技术，利用分布在不同医疗机构的数据进行模型训练，而不需要将数据集中到一起，从而保护患者的隐私。

综上所述，边缘智能通过结合边缘计算和人工智能技术，实现了高效、低延迟和增强隐私保护的智能服务。其自适应性、多模态融合、低能耗、边缘计算与云协同、实时性、安全和隐私保护等关键特征，使得边缘智能在各种复杂应用场景中表现出色。这些特征不仅提升了系统的智能水平和应用范围，还确保了数据的安全性和隐私保护，为未来的智能网络和设备提供了强有力的技术支持。随着技术的不断发展，边缘智能将在更多领域发挥其重要作用，推动各行业的数字化和智能化转型。

5.1.3 研究进展

随着万物互联时代的到来，边缘设备的规模急剧增加，海量数据在网络边缘产生。与此同时，嵌入式高性能芯片的发展显著提升了边缘设备的计算能力，使得在本地处理和分析数据成为可能。这一趋势促使学术界和工业界广泛关注边缘智能技术的发展，致力于将人工智能模型部署在边缘设备上，以实现更快、更高效的数据处理和决策能力。同时，随着GPT等大模型的发展，其在边缘智能中的应用也得到了更广泛的关注和研究。

例如，参考文献[9]综述了边缘计算与云计算在AI中的合作与分工，分析了如何在边缘和云端之间分配大模型推理任务，以实现资源消耗与计算性能的平衡。通过优化资源分配策略，该研究提升了AI系统的整体效率和灵活性。参考文献[10]研究了6G网络中利用联邦学习驱动的边缘原生智能系统，探讨了大模型在分布式边缘节点间协同训练的技术。通过优化边缘设备间的数据共享和模型更新，提升了6G通信网络的智能化水平和整体性能。

针对大模型在边缘智能的应用，参考文献[11]中提出了一种在6G移动边缘计算系统中部署LLM的架构，该架构通过网络虚拟化和边缘模型缓存来优化模型的训练和推理过程，显著减少了模型检索的延迟和带宽成本。通过使用低精度的模型量化方法，LLM可以在不重新训练模型的情况下减少存储空间和计算时间，从而提高边缘设备的处理能力。参考文献[12]探讨了如何将LLM作为缓存资源部署在边缘设备上，提出了模型缓存和分发机制，以优化边缘计算的资源管理。研究重点在于提高模型响应速度和降低计算延迟，确保边缘设备在低资源环境中也能高效执行复杂的推理任务。参考文献[13]研究了基于协作分布式扩散的AIGC在边缘网络中的应用，并通过优化内容生成和分发的算法，提出了一种高效的边缘计算架构，能够在多个边缘节点间协同工作，提升AIGC服务的覆盖范围和响应速度。

此外，NTT Data还推出了一款专为工业和制造业设计的Edge AI平台，通过将AI处理引入边缘来加速信息技术和运营技术的融合。这一平台极大地简化了AI模型的部署和管理，尤其在制造业中表现出色。通过实时访问和分析来自传感器、机器和应用程序的数据，支持预测性维护，提升了生产效率，减少了停机时间。

Edge AI平台还在能耗优化方面表现出色。它能够实时监控能耗数据，预测能量峰值，优化机器的使用，降低能源消耗和碳排放。这不仅节省了成本，还符合绿色制造的理念。现如今，Edge AI 平台已经与各行业建立起相关合作，并取得了一些优异的成绩，如对拉斯维加斯智慧城市的建设及罗伯特舒曼医院与患者的智能互联，都体现了边缘智能的独特优势。Edge AI 平台界面如图 5-4 所示。

图5-4 Edge AI平台界面的示例

综上所述，边缘智能通过将计算和数据处理能力推向网络边缘，结合先进的人工智能技术，提供了高效、低延迟和安全的解决方案。这种计算范式不仅优化了资源利用，还提升了系统的响应速度和数据隐私保护水平。在未来，随着技术的不断进步，边缘智能将在更多领域发挥其重要作用，推动智能化应用的普及和发展，为各行各业的数字化转型提供强有力的支持。边缘智能的发展前景广阔，必将在我们日常生活和工作中带来更多智能化的创新和便利。

5.2 GPT在边缘智能部署的典型应用

随着边缘智能的不断演进，将先进的自然语言处理技术如 GPT 融入边缘智能系统中，成为了提升智能化水平的重要手段之一。边缘智能注重本地智能决策和数据处理，而 GPT 则在语言模型的预训练中表现出色[14]。将 GPT 引入边缘智能系统，可以为其提供更为强大的语言理解和生成能力，从而拓展系统在自然语言处理领域的应用范围。

5.2.1 智能网联车

GPT 具备强大的自然语言处理能力，这使得它可以处理驾驶员和乘客的语音命令、文本输入等，实现自然流畅的人机交互。GPT可以根据驾驶者的偏好和需求进行个性化的回答和服务，记忆和理解之前的对话，为每个驾驶者提供定制化的建议和支持。这种个性化和定制化的能力可以提升用户体验，让驾驶者感受到更加个性化的服务和关怀。智能车联网架构示意图如图5-5所示。

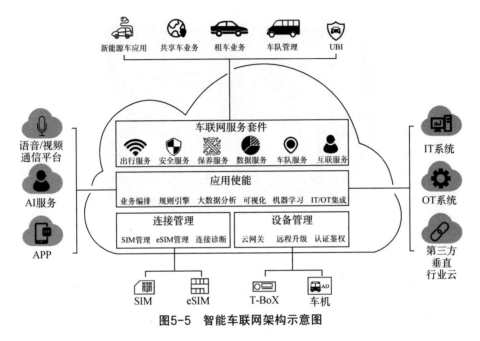

图5-5　智能车联网架构示意图

汽车制造商可以利用GPT建立智能客服系统，使车主能够通过语音或文字与系统进行即时沟通。GPT能够理解和回答车主的问题，提供相关的技术指导、车辆维护建议和故障诊断等服务。这样，车主就能够方便地获取所需信息，无须等待人工客服的回复，大大提高了客户的满意度。

如图5-6所示，驾驶员可以通过语音指令来与GPT对话，从而控制车辆的各种功能，如调节空调温度、切换音乐、导航等。GPT可以通过NLP技术和机器学习算法，识别和理解驾驶员的指令，并迅速响应，提供个性化的服务，同时通过与其进行对话，驾驶员和乘客可以获取丰富的娱乐内容，如音乐、电影、新闻等，并可以根据个人喜好和兴趣进行推荐，提供个性化的娱乐体验。增加驾驶员与乘客的驾驶体验。

GPT还可以应用于智能车辆的情感识别和情感交互。通过分析驾驶员的语音、面部表情和生理信号等信息，GPT可以识别驾驶员的情绪状态，并根据情绪状态提供相应的服务[15]。

图5-6　GPT语音互动功能示意图

同时GPT可以应用于智能车辆的智能导航和路况预测。它可以通过对路况、交通信息的实时分析，为驾驶员提供更加准确、智能的导航和路线规划服务，帮助驾驶员避免拥堵和交通意外，如图5-7所示。

图5-7　GPT辅助智能导航功能

自动驾驶研发的过程中，GPT可以通过人类反馈强化学习的思想，训练出模型来验证、评价机器模型的输出，使其不断进步，通过对自动驾驶过程中生成的大量数据进行分析，识别出驾驶模式、交通趋势等。它可以帮助改进自动驾驶算法，提高系统的决策能力和反应速度。最终达到人类的自动驾驶水平。

总的来说，GPT在车联网的应用创新方面将带来便捷、高效和智能的驾驶体验，同时有助于提升交通管理和运营的效率。但也需要注意数据安全和隐私保护等问题，确保这些技术应用符合相关法律法规和社会伦理规范。

5.2.2 智慧工厂

智慧工厂是一种通过物联网技术将工业设备、系统和网络连接起来的方法。通过这种连接，企业可以收集、分析和利用大量数据，以提高生产效率、减少能源消耗和降低运营成本。

在智慧工厂中，数据采集是至关重要的一环。通过部署各种传感器和监测设备，可以实时获取生产线上的数据，如温度、湿度、压力等。这些数据可以被用于实时监控生产过程、预测设备故障，从而提高生产效率。

如图5-8所示，智慧工厂可以帮助企业实现设备的远程管理和控制。借助于物联网技术，企业可以远程监控设备状态、实时调整生产参数，以及及时发现和解决问题。这可以大大降低企业的运营成本，提高生产效率。

图5-8　智慧工厂生产场景

智能制造系统的本质特征是个体单元的"自主性"与系统整体的"自组织能力"，基本格局是分布式多自主智能系统[16]。因此，边缘智能与智能制造有着密切的关系，具备工业互联网接口的制造系统本身就是一种边缘计算设备。GPT作为一种先进的自然语言处理技术，在智能工业的边缘智能的部署中具有丰富的潜在应用[17]。通过机器学习和数据挖掘技术，可以对智慧工厂中的数据进行深度分析，发现生产过程中的潜在问题和优化方向。通过智能调度和优化，可以实现生产过程的自动化、智能化。同时可以应用于质量管理、设备诊断等。

GPT系列的强化学习算法和系统可以很好地解决工业自动化控制、机器人控制等问题。智慧工厂收集的运行数据可以作为强化学习的环境模拟输入和回馈，实现自动化的参数优化。深度学习模型可以对机器人进行复杂身体动作的学习与规划，机械手等可以利用这些技术实现更加智能化的控制与协调。

工业大模型 COSMO–GPT 以开源通用大模型为基础，通过知识注入、模型融合、模型判决，提升其在工业任务中的表现[18]。同时，凭借 COSMOPlat 在人工智能领域的技术积累及海量工业数据，COSMO–GPT 拥有百亿以上的参数，内置 3 900 多个机理模型与200 多个专家算法库，功能范围覆盖智能问答、文本生成、图文识别、控制代码生成、数据库查询、辅助决策、运筹规划等，其模型介绍如图 5-9 所示。

图5-9　工业大模型COSMO-GPT介绍

在实时视觉与力控能力的加持下，工业大模型 COSMO–GPT 能够精确感知外部环境的变化。同时，工业大模型 COSMO–GPT 作为机器的总控大脑，负责对外部获取的多模态数据进行理解分析和推理，实现了一个集感知、规划和执行等功能于一体的智能柔性装配系统。

智慧工厂和边缘智能中的 GPT 结合，将生产过程的智能化和自动化带入了新的阶段。通过分析收集到的数据，GPT 可以帮助企业提高生产效率、降低成本和提高安全性。然而，要想实现这些目标，必须采取适当的安全措施，以确保工业设备和系统的安全。

总之，智慧工厂和 GPT 的结合为工业生产提供了更多的可能性和机遇，使得工业生产变得更加智能和高效。随着技术的不断发展，我们相信这种结合将会产生更加深远的影响，带动工业生产的创新和变革。

5.2.3　智慧社区

随着 AI 的发展，智慧城市的建设热潮随之而来，智慧社区也随之诞生。现如今，大量的传感器服务于城市里的各个领域。面对遍布城市各处的监控、照明设备，边缘设备和边缘智能是解决实时城市管理、减少云计算负荷的绝佳选择。GPT 为智能城市的边缘部署带来了更加灵活、实时的语言理解和生成能力、多模态支持能力及大模型处理能力[15]。

如图 5-10 所示，GPT 在智慧城市中的应用非常广泛且多样化，为城市管理和市民生活带来了诸多便利和创新。以下是几个主要的应用领域及其实例。

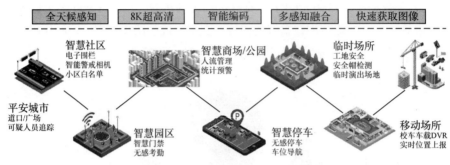

图5-10　智慧城市的应用场景

首先，GPT 可以通过处理大量的交通数据，提供实时的交通预测和路线优化建议。它能够分析历史交通数据和实时传感器信息，预测交通堵塞情况，并为市民和交通管理部门提供最优的出行方案。

北航发布了首个大模型与交通行业模型结合的产品 TrafficGPT，通过强大的自然语言理解能力和复杂的交通系统开展交互，并通过一系列可拓展的工具赋能大语言模型来完成复杂的交通任务[19]，从而进一步引出了大量的交通领域大模型。TrafficGPT 运行界面如图 5-11 所示。

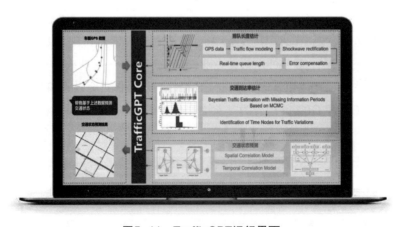

图5-11　TrafficGPT运行界面

其次，GPT 还可以通过聊天机器人和虚拟助手，为市民提供便捷的服务和信息查询。例如，纽约市的虚拟助手"Nyc.gov"使用 GPT 技术，回答市民关于公共交通、垃圾回收、社区活动等方面的问题。市民可以通过手机或电脑与虚拟助手互动，获取所需信息或协助办理各种政务手续，减少等待时间，提高服务效率。此外，GPT 还可以通过多语言支持，帮助不同语言背景的市民更好地融入城市生活，享受便捷的公共服务。

同时，智慧社区中产生的大量数据可以通过 GPT 进行处理和分析，从中挖掘出有价值的见解。这些见解可以帮助城市规划者和管理者做出更加科学和有效的决策。例如，新加坡利用基于 GPT 的分析平台，综合分析人口流动、经济活动和环境数据，优化城市布局和公共设施配置[20]。通过这种方式，新加坡不仅提高了城市管理的效率，还增强了城市的宜居性和可持续性。此外，GPT 还可以协助制定应对自然灾害和突发事件的应急预案，提高城市的韧性。

GPT 在智慧城市中的应用能够显著提升城市管理的智能化水平，提高公共服务质量，增强市民的生活便利性，最终促进城市的可持续发展。随着技术的不断进步，GPT 在智慧城市中的潜力将进一步释放，为未来的城市生活带来更多的可能性和创新。

5.2.4　智慧医院

GPT 大模型在医疗领域的应用非常广泛且深远，为医疗行业的多个方面带来了显著的提升和变革。首先，GPT 可以用作一个强大的医学知识库，为医护人员提供精准、即时的医学信息检索服务。例如，医生在诊疗过程中遇到疑难病症时，可以通过 GPT 查询相关的医学文献、最新的研究成果和治疗方案。

其次，GPT 还可以帮助整理和分析病历、实验报告等大量的医学数据，辅助医生做出更准确的诊断和治疗决策。例如，提升医疗服务水平和质量，雲禾提出了一种智慧病房的整体建设解决方案，如图 5-12 所示。雲禾智慧病房以病房和住院患者为核心，提供全方位的智慧病房整体解决方案。通过先进的技术将医护、患者及专业医疗检测设备的数据紧密连接，为患者提供高效优质的服务，降低医院的运营成本，推动医院病房的数字化运营[21]。

最后，GPT 大模型可以通过聊天机器人或虚拟助手的形式，为患者提供健康咨询和指导。例如，Mayo Clinic 通过集成 GPT 的虚拟助手，为患者提供疾病症状的初步筛查、健康建议和日常护理指导，如图 5-13 所示。患者可以通过手机或电脑与虚拟助手互动，获取个性化的健康建议，解答常见的健康问题，减少不必要的医院就诊次数，提高医疗资源的利用效率。

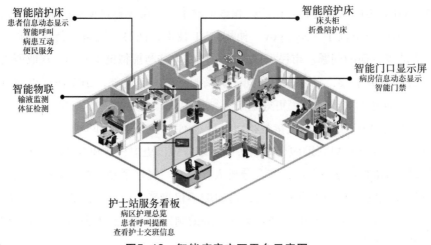

图5-12　智能病房交互平台示意图

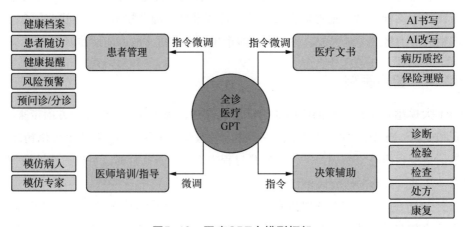

图5-13　医疗GPT大模型框架

香港中文大学（深圳）和深圳市大数据研究院的王本友教授团队训练并开源了一个新的医疗大模型——HuatuoGPT（华佗GPT），以使语言模型具备像医生一样的诊断能力和提供有用信息的能力[22]。如图5-14所示，HuatuoGPT致力于通过融合ChatGPT生成的"蒸馏数据"和真实世界医生回复的数据，以使语言模型具备像医生一样的诊断能力和提供有用信息的能力，同时保持对用户流畅的交互和内容的丰富性，使对话更加丝滑。

最后，GPT大模型还可以辅助医生进行临床决策。通过分析病人的病史、症状、实验结果等数据，GPT可以提供可能的诊断建议和治疗方案。例如，IBM Watson Health利用类似GPT的自然语言处理技术，帮助医生分析大量的临床数据，提供个性化的治疗建议。

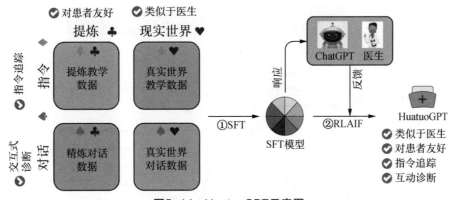

图5-14　HuatuoGPT示意图

这种临床决策支持系统能够提高诊断的准确性和治疗效果，减少误诊和漏诊的风险。

综上所述，GPT 大模型在智慧医院的应用，能够显著提升医疗服务的效率和质量，促进医学研究和创新，为患者提供更好的医疗体验和个性化的治疗方案。随着技术的不断发展，GPT 在医疗领域的潜力将进一步被发掘，推动医疗行业向更加智能化和人性化的方向发展。

5.3　GPT在边缘部署时对网络KPI的需求

在边缘部署 GPT 模型时，满足网络关键性能指标（KPI）的需求尤为关键，主要体现在低时延、高带宽、高可靠性和可扩展性等方面。首先，低时延是实现实时应用的核心要求，特别是在需要即时响应的场景中，如智能客服、实时翻译和交互式应用。通过将 GPT 部署在靠近数据源的边缘节点，能够显著降低数据传输的时延，确保用户体验的流畅性。

其次，高带宽需求则来源于 GPT 模型处理大量数据的能力要求。无论是语音识别、视频处理还是多模态数据分析，都需要足够的带宽来快速传输和处理这些海量数据，以避免网络拥塞和性能下降。

再次，高可靠性是确保边缘部署稳定运行的关键因素。边缘节点必须具备良好的容错能力和服务连续性，确保在任何情况下都能稳定运行并提供高质量的服务。

最后，可扩展性也是边缘部署的重要需求。随着应用场景和用户数量的不断增长，边缘网络需要具备灵活扩展的能力，以支持不断增加的计算需求和数据流量。GPT 在边缘部署时对网络 KPI 的需求分布如图 5-15 所示，这些 KPI 的优化和保障将直接影响 GPT 在边缘部署中的性能表现和用户体验。

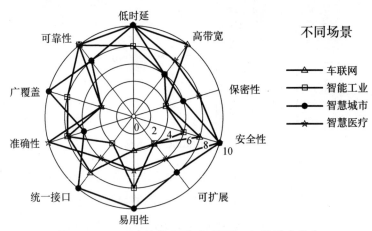

图5-15　GPT在边缘部署时对网络KPI的需求分布

（1）GPT应用于车联网场景下的边缘部署的潜在需求

低时延：需要网络能够达到10ms以下的时延，同时需要减轻移动性对网络性能的影响，以满足实时语音交互的响应速度需求；车载设备通常具有有限的计算资源，在边缘部署GPT需要降低对云端的依赖，降低时延。

高带宽：车辆通过传感器、摄像头和雷达等设备实时采集大量数据，包括高清图像、视频、道路信息、车速、位置信息等。这些数据在本地处理或传输至边缘服务器时会消耗大量带宽，尤其是涉及视频流处理时，带宽需求会显著增加。

统一接口：GPT有望使车辆系统能够在边缘智能上进行实时的数据处理与分析，包括车辆传感器数据、道路信息等，因此需要解决数据异构问题，提高GPT的收集和利用率；车载GPT需要支持与用户的多种交互业务，如语音交互、触摸交互、视频交互等，设备应具备支持接收发送多种交互数据的能力。

安全性：在车辆互联网的环境中，对于网络安全的需求愈发重要，GPT的部署需要网络是一个可应用于分布式网络并兼容现有的集中式网络的原生可信架构，防范潜在的网络攻击和数据泄露。

（2）GPT应用于智能工业场景下的边缘部署的潜在需求

可靠性：在工业生产场景下，可靠性需求要达到99.999%的要求，需要根据工业设备不同的算力部署合适的AI技术，保障其正常运行。

低时延：工业互联网涉及的业务如 GPT 对设备的远程控制、机器视觉等对网络时延很敏感，通常要求在 10ms 以内；工业物联网中的边缘智能设备期望借助 GPT 的计算能力生成实时数据报告，通信时延需在 0.1ms 以内。

广覆盖：工业互联网涉及的区域通常很广，需要广覆盖的通信能力，实现不同区域节点的互联互通，网络规模最大可扩展 100 倍。同时，工业互联网针对工业领域的设备间通信，设备数量和密度都大于传统互联网。针对设备制造等具体场景，设备连接密度可达 100 连接 $/m^3$。

（3）GPT 应用于智慧城市场景下的边缘部署的潜在需求

低时延：要求能够迅速响应语音指令，实现实时的城市管理和调度。网络的时延须在 5ms 以下，并保证未来网络 99.999% ～ 99.999 99% 的可靠性。

可扩展：智慧城市的应用（如交通管理、环境监控）需要处理大量的数据，因此边缘设备必须具备灵活扩展的能力，能够根据实时需求动态调整计算资源，从而实现实时数据的处理、优化资源的使用，并提供可靠的服务支持，以满足不断变化的城市管理和公共服务需求。

安全性：涉及城市数据的处理，安全性和隐私保护至关重要，需要具备高级的安全机制，确保城市数据不受恶意攻击和泄露。

易用性：智能城市的居民使用边缘智能设备时，往往不具备专业知识，需要简单直观的语音交互，为 GPT 提供与用户友好的交互界面，以方便居民理解和操作。

统一接口：为了实现城市中不同网络段与 GPT 的互操作性和兼容性，需要网络支持统一的接口协议，能够使部署在不同类型和厂商的 GPT 和用户之间无缝连接和交互。

（4）GPT 应用于智慧医疗场景下的边缘部署的潜在需求

可靠性：要求相关 AI 的数据处理能力、决策的可靠性及 AI 的可解释性，以保障诊断的准确度；GPT 辅助进行的医疗过程不可中断，其中关键指标主要有故障恢复时间、故障率、冗余备份、可用性等。保证网络中断或故障发生后，GPT 能够快速恢复正常运行。对于支持实时 GPT 处理图像或决策的过程，恢复时间不超过 100ms。

低时延：远程手术和诊断的时延要求为 5ms，包括端到端时延、传输时延、处理时延和排队时延等，这些指标能够保证 GPT 对医疗数据的快速传递，实现高效的远程医疗。

准确性：在医疗设备上部署 GPT，实现实时监控和预警功能，需要配置灵敏度高、延迟低的传感设备，检测病人的身体特征，并且需要提供高精度的医疗数据检测、传输与处理，关键的是检测精度、传输误码率和图像清晰度等。应当控制抖动、丢包率等数值在一定范围内。对于传输医疗影像、生命体征实时监测等数据，要求的准确性达到 99.999 99%

以上。

安全性：涉及病人隐私数据，保障 GPT 不记忆或泄露用户信息，确保患者数据的安全和合规性。需要建立完善的数据管理和隐私保护机制，防止数据丢失、泄露、篡改等风险，并且需要建立多重安全防御机制，防止外部攻击和入侵，保护网络基础设施和终端设备。

5.4 本章小结

在本章中，我们深入探讨了边缘智能技术的发展及其在支持 GPT 应用中的重要性，并围绕这一主题展开了全面的分析。首先，通过对边缘智能概念的演进、关键特征和研究进展的梳理，我们了解边缘智能如何从最初的理论构想到如今的广泛应用。边缘智能在现代通信网络中扮演着越来越重要的角色，特别是在满足低时延、高带宽、高可靠性等关键性能指标方面，它为推动 GPT 等大规模人工智能模型的落地提供了坚实的基础。

接下来，我们具体分析了 GPT 在边缘智能环境下的典型应用场景，涵盖了车联网、智慧工厂、智慧社区和智慧医院等多个领域。在车联网中，边缘智能与 GPT 的结合能够实现更快、更智能的车辆通信和自动驾驶决策；在智慧工厂，GPT 赋能的边缘计算提高了生产线的智能化水平；在智慧社区，GPT 应用于边缘节点可以提供更为个性化和高效的社区管理服务；在智慧医院，边缘智能支持下的 GPT 则在诊疗决策、患者管理和医疗资源优化配置等方面展现出巨大的潜力。这些场景的分析展示了边缘智能如何通过分布式计算和本地化处理，充分发挥 GPT 的强大能力，并有效应对各类复杂应用需求。

此外，本章还讨论了 GPT 在边缘部署时对网络 KPI 的需求。这些 KPI 包括低时延、高带宽、高可靠性和可扩展性等，它们是确保 GPT 模型在边缘环境中高效运行的关键因素。如何通过优化这些 KPI 来提升 GPT 应用的实际效果，并确保其在多样化场景中的稳定表现，是 GPT 在边缘部署时必须考虑的重要问题。

参 考 文 献

[1] Jeong S W, Kim C G, Whangbo T K. Question answering system for healthcare Information based on BERT and GPT[C]//2023 Joint International Conference on Digital Arts, Media and Technology with ECTI Northern Section Conference on Electrical, Electronics, Computer and Telecommunications Engineering (ECTI DAMT & NCON). IEEE, 2023:

348–352.

[2] Krstic D, Petrovic N, Suljovic S, et al. AI–enabled framework for mobile network experimentation leveraging ChatGPT: Case study of channel capacity calculation for η–μ fading and co-channel interference[J]. Electronics, 2023, 12(19): 4088.

[3] 王凌豪，王淼，张亚文，等. 未来网络应用场景与网络能力需求[J]. 电信科学，2019，35(10): 2–12.

[4] Munir A, Blasch E, Kwon J, et al. Artificial intelligence and data fusion at the edge[J]. IEEE Aerospace and Electronic Systems Magazine, 2021, 36(7): 62–78.

[5] Zhou Z, Chen X, Li E, et al. Edge intelligence: Paving the last mile of artificial intelligence with edge computing[J]. Proceedings of the IEEE, 2019, 107(8): 1738–1762.

[6] 彼得·李，凯丽·戈德伯格，伊萨克·科恩. 超越想象的GPT医疗社科[M]. 杭州：浙江科学技术出版社，2023.

[7] Seppo H, Henning S, Cinzia S. LTE self–organising networks (SON): Network management automation for operational efficiency[M]. John Wiley & Sons, 2012.

[8] Iacoboaiea O, Sayrac B, Jemaa S B, et al. SON conflict diagnosis in heterogeneous networks[C]//2015 IEEE 26th Annual International Symposium on Personal, Indoor, and Mobile Radio Communications (PIMRC). IEEE, 2015: 1459–1463.

[9] Yao J, Zhang S, Yao Y, et al. Edge–cloud polarization and collaboration: A comprehensive survey for ai[J]. IEEE Transactions on Knowledge and Data Engineering, 2022, 35(7): 6866–6886.

[10] Al–Quraan M, Mohjazi L, Bariah L, et al. Edge–native intelligence for 6G communications driven by federated learning: A survey of trends and challenges[J]. IEEE Transactions on Emerging Topics in Computational Intelligence, 2023, 7(3): 957–979.

[11] Zhang X, Liu J, Xiong Z, et al. Edge Intelligence Optimization for Large Language Model Inference with Batching and Quantization[J]. arXiv preprint arXiv:2405.07140, 2024.

[12] Xu M, Niyato D, Zhang H, et al. Cached model–as–a–resource: Provisioning large language model agents for edge intelligence in space–air–ground integrated networks[J]. arXiv preprint arXiv:2403.05826, 2024.

[13] Du H, Zhang R, Niyato D, et al. Exploring collaborative distributed diffusion–based AI–generated content (AIGC) in wireless networks[J]. IEEE Network, 2023, 38(3): 178–186.

[14] Dong L, Jiang F, Peng Y, et al. Lambo: Large language model empowered edge intelligence[J].

arXiv preprint arXiv:2308.15078, 2023.

[15]Liu Y, Peng M, Shou G, et al. Toward Edge Intelligence: Multiaccess Edge Computing for 5G and Internet of Things[J]. IEEE Internet of things journal, 2020(8):7.

[16]乔兵，朱剑英. 多Agent智能制造系统研究综述[J]. 南京航空航天大学学报，2001，33(1): 1–7.

[17]Chen X, Zhou M, Wang R, et al. Evaluating response delay of multimodal interface in smart device[C]//Design, User Experience, and Usability. Practice and Case Studies: 8th International Conference, DUXU 2019, Held as Part of the 21st HCI International Conference, HCII 2019, Orlando, FL, USA, July 26–31, 2019, Proceedings, Part IV 21. Springer International Publishing, 2019: 408–419.

[18]智振，张奇，李森. 2023年工业大模型赋能新型工业化的路径与趋势[A]//中国智能互联网发展报告（2024）. 北京：社会科学文献出版社，2024: 203–218.

[19]Qu J, Ma X, Li J. Trafficgpt: Breaking the token barrier for efficient long traffic analysis and generation[J]. arXiv preprint arXiv:2403.05822, 2024.

[20]Li Z, Xia L, Tang J, et al. Urbangpt: Spatio-temporal large language models[C]// Proceedings of the 30th ACM SIGKDD Conference on Knowledge Discovery and Data Mining. 2024: 5351–5362.

[21]夏孟恒. 智能融合，焕然"医"新——雲禾智慧病房助力医院智慧化升级[J]. 智慧中国，2021.

[22]Zhang H, Chen J, Jiang F, et al. Huatuogpt, towards taming language model to be a doctor[J]. arXiv preprint arXiv:2305.15075, 2023.

第 **6** 章

GPT 与通信协同发展

正如第 5 章提到的，边缘智能为 GPT 的广泛部署提供了条件，也为众多应用场景，如智能工业、智慧医疗、智能交通、智慧农业、智能家居和数字娱乐带来了新的发展机遇。移动通信技术以每十年一代的速度向前演进，丰富了人们沟通的方式，推动了社会生活乃至生产方式的改变。随着大模型与生成式 AI 的迅速崛起，AI 技术的应用已经进入崭新阶段。GPT 作为新一代人工智能的典型代表，与通信的联系越来越紧密，将从相互独立演进、融合发展，进化到协同演进赋能生产、生活多领域。

面对人们日益发展的新需求，GPT 与 6G 网络的结合将引出哪些新的应用场景？又将引入哪些新的关键性能指标？本章将讨论 GPT 与通信发展的关系，介绍 GPT 与通信网络相关技术的结合应用，以及如何与 6G 融合发展，推动 6G 新型网络的深化研究，同时将 6G 与 GPT 结合，支撑更多行业的数字化转型，取得更大的社会和经济价值。

6.1　GPT与通信松耦合发展

6.1.1　独立演进

2008 年到 2016 年，通信 AI 起步阶段。通信技术厂家和通信运营商开始逐渐认识到机器学习和人工智能对通信网络有很大助益。随着自组织网络（Self-Organizing Networks，SON）技术的出现，3GPP SAS 基于 Rel8 定义 SON，开始探索通信 AI，SON 的概念把机器学习和人工智能的功能嵌入到了构思与规划、分析与设计、实施与构建、运行与维护的网络生命周期中 [1][2][3][4]，这成为推动通信 AI 发展的一个标志性里程碑。

然而，2G 与 3G 并不兼容，最初都没有按照网络智能化的理念来构建，旧网络时代生态体系与 AI 对接不能形成紧耦合，虽然出现了 SON 概念并得到一些通信厂商与运营商的尝试，但其发展依然比较平淡。

2017 年 9 月，3GPP 第一次定义了通信 AI 的网元，即网络数据分析功能（Network Data Analytic Function，NWDAF），此外，ORAN 也定义了通信 AI 的网元，即无线接入网智能控制器（Radio Access Network Intelligent Controller，RIC），类似于网络中的通信 AI 大脑。

2018 年 6 月，3GPP 5G 新空口（New Radio，NR）标准中的独立组网（Stand Alone，SA）方案在 3GPP 第 80 次 TSG RAN 全会正式完成并发布。一方面，与 4G 网络相比，5G 网络在传输速率、传输时延、连接规模等关键性能指标上均有质的飞跃，进而支撑起更加丰富的业务场景和应用，为以 GPT 为代表的 AI 工具落地创造了条件。另一方面，5G 网络在运营过程当中面临网络规划、基础资源、工程实施上的各种困难和挑战，由于组网复杂、能耗高、控制灵活性差等问题带来诸多的不确定性[5][6][7]，AI技术可以帮助运营商更有效地管理5G网络的复杂性，降低能耗，并提升整体的网络性能和用户体验。

2023年3月，ETSI提出了有关AI透明度和可解释性的标准规范，旨在生成更多可解释的模型，同时保持高水平的模型性能。

2023年9月，3GPP AI/ML工作组将生成式人工智能引入了讨论范畴，并加入NWDAF模块，经过数个版本的迭代演进，现阶段已形成数据采集、训练、推理、闭环控制，以及支持多样化解决方案的分布式网络大数据分析架构。相关的网络功能及接口规范已成熟，具备加速产业化的能力。GPT与通信独立演进的过程如图6-1所示。

图6-1　GPT与通信独立演进的过程

6.1.2　前沿交叉

随着通信与AI这两个领域的持续创新，通信和GPT呈现出前沿交叉的发展趋势，GPT对于通信行业的影响也越来越大。最终的发展会面向以下几个方面的数据优化，包括用数据优化网络的设计、用数据优化信道的设计、用数据优化MIMO大规模天线的配置、用数据优化整个网络的管理、用数据优化面向服务的架构SOA、用数据优化网络虚拟切片，以及用数据优化SON等。

2017年，ETSI正式批准成立了网络人工智能标准工作组（Experiential Networked Intelligence，ENI），其致力于通过引入闭环人工智能机制来改善网络运营体验。其中，5G网络切片智慧运营是ENI的一类重要应用场景，也是ENI的重点概念验证方向。作为独立的人工智能引擎为网络运维、网络保障、设备管理、业务编排与管理等应用提供智能化的服务。

2019年，TM Forum在Future OSS的研究报告中定义了未来OSS由"数据驱动"，必须依赖人工智能、机器学习、自动化、微服务，业务优化紧耦合，必须具备敏捷、自动化、主动性、预测性、可编程性的特征。可见，在数据驱动下，通信AI全面加速发展。OSS实现智能化演进，主要来自以下几个方面的加持，一是自动化闭环业务流程的执行与保障；二是自动化闭环的网络优化；三是AI驱动的客户互动；四是AI驱动的网络优化，如图6-2所示。主流通信运营商面向5G演进的OSS系统中，逐渐嵌入了AI平台或者功能模块，也就成了必然的选择。

当今，AI技术的深入应用为通信网络的业务体验优化提供了全新的可能性。此技术引领了一种全面的优化闭环，旨在通过智能化的评估与监测手段，深刻理

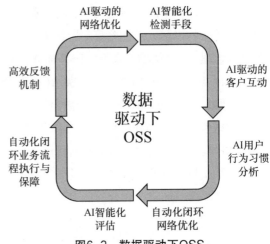

图6-2　数据驱动下OSS

解用户的体验需求。这一过程不仅涉及对用户体验的智能评估，还包括将业务需求与网络自身能力进行系统性的综合分析。进而，通过高效的反馈机制，实施策略的动态调整与持续跟踪，以达成成本与体验之间最优平衡的追求。例如，在智能数据分析的辅助下，可以构建起用户体验指标与QoS指标间的精确关系模型。基于此模型，能够实现用户对业务体验质量的实时评估，从而为通信服务提供精准的优化方向。此外，通过深入分析用户的通信习惯，可以针对性地调整QoS参数，应用强化学习算法对网络资源和用户需求进行高效的调度与优化，确保业务质量维持在较高水平。进一步地，多接入协同技术在AI的赋能下，能够大幅提升多接入资源的利用效率，从而在更深层次上优化用户的整体体验。这种方法不仅推动了通信技术的智能化发展，也为用户提供了更加高效、稳定的服务。

此外，网络智能技术还能利用电信行业的算力、数据和应用场景优势，推动云边端业务的重新定义，构建新的商业模式。云边端的可用计算资源和网络状态实时变化，在此基础上，引入AI技术可以预测计算和网络负载，使运营商能够对多维资源进行联合优化调度，实现云边端资源的一体化调度和动态分配，在满足业务服务质量的同时优化资源效率。

6.2　GPT与通信紧耦合发展

6.2.1　协同演进

2023年12月，3GPP Release 19将围绕新场景、新技术，让AI更懂网络，实现网络与AI的深度融合，包括AI与5G未来结合的应用方向。以GPT为代表的AI有能力通过分

析从网络中收集的数据，来解决复杂和非结构化的网络问题。对一些特定的用例，3GPP
已经研究如何将 AI 应用于 5G RAN 和物理层。

2024 年 2 月，ETSI 探讨了 AI 在医疗保健、智能交通和工业自动化等不同领域的应用，
以及未来移动网络中的 AI 相关功能，这为 GPT 在通信领域的进一步应用提出了新思路。

5G 网络在运营过程当中面临相关挑战，组网复杂、能耗高、控制灵活性差等问题带
来诸多的不确定性。将 GPT 技术运用于 5G 网络将推动实现更高效、低成本、极简化的自
主可控的网络。采用传统方式时站点开通流程冗长、工作量大，GPT 技术可大幅简化 5G
站点开通流程，减少 80% 以上的部署时间。例如站点部署场景，GPT 技术的发展和引入
为全面端到端部署自动化带来了革命性的提升。以在存量网络中部署新的基站为例，如
果引入大数据分析和深度学习算法，未来可以实现真正的极简参数规划、大幅度减少部署
策略开发，极大地提升了部署的准确性，最终实现可以"智能跟随"的存量网络。

（1）用于 5G 物理层

在无线通信中，物理层解决了如何在连接各种计算机的传输媒体上传输数据比特流，
而不是具体的传输媒体。物理层的主要特性是确定与传输媒体接口有关的一些特性。目前
对物理层的研究主要包括波束形成、调制解调、信号检测、信道估计和信道状态信息压缩
等技术。这些技术直接关系到复杂物理层数据的分析、压缩和特征提取。传统的研究依
赖于数学表达的模型，然而，在实际应用中，系统可能包含几乎不可能解析表达的未知
效应。因此，引入了 AI 技术来支持无线通信的物理层功能。这些研究包括信号检测和压
缩[8]、编码[9][10]、安全性[11][12] 和通信延迟[13]。Hyeji Kim 等人[10] 调查了基于 DL 编码的
最新进展，重点是使用 DL 技术增强特定的编码方法。关于安全性，Himanshu Sharma 等
人[11] 回顾了基于 DL 的安全技术，用于解决 5G 及以后网络中的攻击检测和身份验证等问
题。考虑到通信延迟的重要性，Francesco Restuccia 等人[13] 讨论了物理层对实时性的需
求，总结了该领域当前的进展和局限性。

Li Sun 等人[14] 指出，传统的基于 DL 的方法在非高斯和时变信道中表现不佳，特别是
在低信噪比区域。为此，他们提出了一种新的 GAN，以帮助接收器智能地适应无线信道
的动态变化，而无须重新训练深度神经网络（Deep Neural Network，DNN）。特别地，所
提出的 GAN 用于有效学习信道转移概率，即似然函数。然后，将估计的信道转移概率输
入 Viterbi 算法[15]，得到最大似然序列检测。

参考文献 [16] 开发了 GAN 网络模拟端到端无线通信系统中的未知信道。如图 6-3
（a）、图 6-3（b）所示，收发器上的所有信号处理模块都被 DNN 取代，以共同优化整个
系统的性能。作者设计了一种新的条件 GAN 网络来表示发射器和接收器之间的信道，以

允许接收器的梯度反向传播到发射器。此外，接收机接收到的导频信号被用作所提出的GAN网络的条件信息，如图6-3（c）所示。这样，GAN网络可以为时变信道生成更真实的系数，从而可以优化端到端损耗，使系统的误码率最小化。

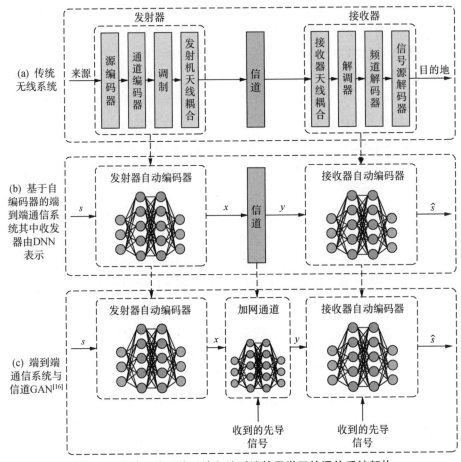

图6-3　传统无线通信系统和端到端基于学习的通信系统架构

此外，大规模天线技术是5G NR设计的基石。NR需要支持高达100GHz的频谱范围，随着频率的升高，收发系统使用的天线个数也相应增加。GPT可以综合考虑天线的波束覆盖和传输形态[17]，充分利用天线周边的环境特征，对天线相关参数进行配置和优化，这是能够充分发挥GPT强大推理能力的方向。

（2）用于5G网络运维

5G网络运维[18]面临三大技术难题：根据用户需求合理分配网络资源、网络控制、网络故障管理和预防[19]。AI技术已经被应用于5G网络规划，包括5G网络资源分配规划、

5G 负载均衡和设备管理等[20]。

传统的网络规划通常基于时间序列来进行网络的容量分析和预测。然而，由于网络用户的行为是动态的，因此通过时间序列分析来准确预测网络容量变得越来越困难。因此，基于时间序列分析的网络预测无法满足与事件相关的低延时需求，并且传统网络预测与现实之间存在较大的偏差。将 GPT 应用引入网络规划，是网络资源分配的有效解决方案。GPT 预测和分析网络规划分为短期趋势和长期趋势。GPT 学习导致网络波动不同的因素，并智能判断短期和长期网络趋势，如图 6-4 所示。

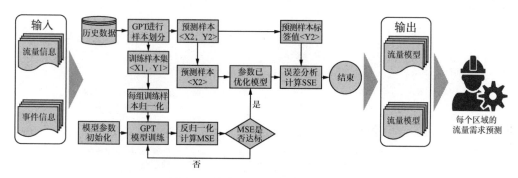

图6-4　基于AI的流量需求预测方法

5G 网络故障管理引入 GPT 来处理 5G 网络维护中的故障自动检测、自动故障诊断、自动故障定位及故障自动修复。其中，对于故障修复阶段，结合 GPT 实现故障管理架构的设计和智能故障管理，使 5G 网络具有弹性的自我修复能力。

基于 AI 的用户服务级别协议（Service Level Agreement，SLA）用于入侵检测，保障SDN 网络控制服务安全[21]，具有以下主要功能。

① 由于虚拟机的创建、删除和迁移是频繁的，虚拟化基础设施是动态且可扩展的，因此进行安全监控并预测这些变化和安全过程[22]。

② 服务提供商和租户可以独立于 SLA 请求安全级别和服务对等协议。

③ SLA 负责 AI 审计和安全配置的执行，监控整个安全设置。

（3）用于 5G 网络优化

5G 网络更为复杂且用户需求进一步扩大，对网络系统进行复杂优化的需求日益增加，目前，深度强化学习（Deep Reinforcement Learning，DRL）已被用于网络优化任务，其固有的灵活性和持续的学习潜力使其能够满足不断发展的网络的动态需求，有效地响应用户交互和需求的复杂模式[23]。然而，由于模型训练和部署资源的高需求，极大地增加了网络服务器的压力。

专家混合（Mixture of Experts，MoE）框架的最新进展提供了有效的解决方案[24]。通过引入 GPT 作为专家，MoE 支持协作决策，大大减少了对特定于单个任务的模型训练的需求。如图 6-5 所示，GPT 具有广泛的知识库和较强的推理能力，擅长通过基于文本的交互理解用户需求[24][25]。GPT 可以有效地选择和调用专家模型并进行集成，从而提高系统的决策效率和对用户需求的响应能力[24]。Du Hongyang 等人[26]提出了一种利用 GPT 和MoE 框架的先进功能来优化以用户为中心的网络系统。其中，DRL 模型部署在其针对的特定网络的边缘服务器上。GPT 促进了 DRL 模型输出与用户需求的一致性，改善了集体决策机制。

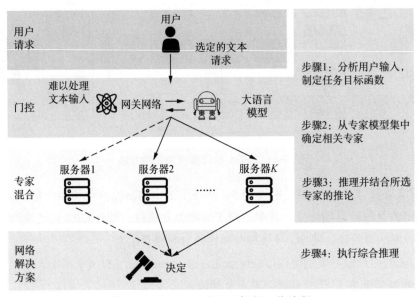

图6-5 基于GPT的MoE框架工作流程

6.2.2 深度耦合

（1）GPT 与 MIMO 结合

作为无线通信网络框架的基石，多输入多输出（Multiple-Input Multiple-Output，MIMO）技术已经取得显著的发展。随着无线通信需求的不断升级，复杂的系统配置和集成场景给下一代 MIMO 系统的分析和设计带来了重大挑战。GPT 依赖其智能和可扩展性，可以实现 MIMO 系统的高效设计和定制，如图 6-6 所示。具体来说，基于 GPT 的生成式人工智能代理可以在性能分析、信号处理和资源分配等方面提供支持，提供创新解决方案，并根据具体要求对设计方案进行评估。

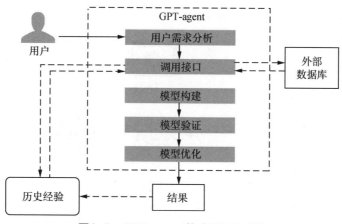

图6-6　GPT-agent构建MIMO系统

性能分析的主要挑战在于系统需要部署的复杂的应用场景。通过分析MIMO系统的特征和需求，基于GPT的生成式人工智能代理可以为研究人员制定详细的工作流程和建模约束，提高设计效率，减少人工建模时容易被忽视的错误，不仅满足了部署场景的特殊性，同时帮助研究人员进行全面又易于处理的性能分析。

信号处理工作中，基于GPT的生成式人工智能代理可以帮助研究人员针对特定MIMO配置和部署场景定制优化问题的解决方案。首先，将复杂的设计需求和多方面的优化挑战转化为结构化、可解决的问题，然后利用生成式人工智能代理的深度学习能力和广泛的知识库，通过对优化设计问题特征的全面分析将其细化为更易于管理和可解决的形式。此外，GPT可以通过参考外部数据库和历史验证数据库，更全面地验证方案的可行性。

在解决资源分配问题时，基于GPT的生成式人工智能代理能够综合考虑用户需求与方案复杂度的相互关系，包括制定优化目标、选择变量和定义精确约束，特别强调资源约束，如MIMO系统中有限的带宽。此外，通过彻底分析系统变量，如波束成形变量之间复杂的相互作用，基于GPT的生成式人工智能代理能够提供详细的工作流程，以激励变量的联合优化设计。

（2）GPT与移动性管理结合

移动性管理研究是5G网络的一项重要的研究方向，为了满足5G网络超低时延、超低功耗、超高可靠等的发展要求，无论用户位置发生怎样的变化，都能通过提供独立的移动性管理技术和策略来保证移动业务及通信服务的连续性。

移动性管理的方案主要有两种：功率控制方案和虚拟机迁移方案。目前已有研究将AI技术用于MEC，例如，基于AI用于车辆多小区环境的动态参数双资源分配切换方案，以提高系统性能和资源利用效率[27]，如图6-7所示。

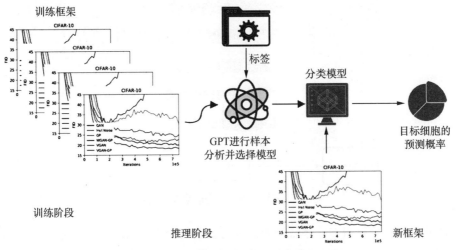

图6-7　基于AI预测功能的移动性优化方案

然而，现有对 MEC 系统能耗的研究主要集中在服务器 CPU 的分配，仍需将 CPU、RAM 和磁盘空间共同纳入考量，才能更符合 MEC 系统的实际场景。

GPT 可以对每个用户所在的初始位置建立距离矩阵，并根据服务器的总 CPU 数、RAM 和磁盘空间及其各项的加权系数求得每一项对用户 QoS 的权重，最终得出系统效用矩阵，之后对效用函数值进行训练，求得最佳卸载策略。此外，由于在移动场景下，每个 MEC 计算节点中的任务量是动态的，会因为用户的切换而迁移到别的计算节点中，因此，通过传统方法找到动态网络的最优卸载策略是非常困难的。通过将 GPT 与 SDN 结合，SDN 提供灵活、可靠的可用资源实时信息，GPT 可以让系统中的每个单元做出最佳决策。

（3）GPT 与网络防御结合

6G 将把人类生活的所有方面连接到网络上，为人类提供便利的同时，也给网络安全带来了极大的挑战。将 GPT 与网络防御结合，可以对网络中存在的安全问题进行检测和分析。面对多样的应用系统，GPT 可以根据其功能、部署特点进行针对性的安全评估，并给出精准、有效的防御措施。

针对医疗、金融、法律领域等经典应用场景，GPT 能够根据系统功能和安全等级对所给平台进行测试，模拟进行越狱攻击、提示注入攻击、多模态攻击等攻击测试，包括安全性评估、攻击模拟实验、prompt 范式等。根据测试结果，GPT 分析所测模型存在的安全问题并划分安全等级，针对不同经典场景和攻击方式制定防御策略，从模型防御算法、身份验证、对抗训练等角度提高模型的鲁棒性，并利用虚拟环境进行实验验证和对抗策略验证。在异常检测时，GPT可以用于分析大量的网络日志和事件，识别异常模式和潜在的安全威胁，解析和理解来自不同来源的威胁情报，帮助安全团队更快速地应对新兴的威胁。如图6-8所示，Ximing Zhang等人[28]基于安全文件传输协议（Secure File Transfer Protocol，SFTP）将网络流量数据传输到系统的后端部分，利用微调后的GPT模型来分析流量数据，并对可能存在的威胁生成警告。基于GPT的模型可以识别和应对一些常见的安全事件和攻击，例如DDoS攻击、恶意软件感染等，并分析已知的漏洞和攻击模式，帮助系统自动进行预防性修复和漏洞补丁。此外，GPT可以协助在安全社区内进行威胁情报的智能分析和共享，提高整体网络安全的水平。

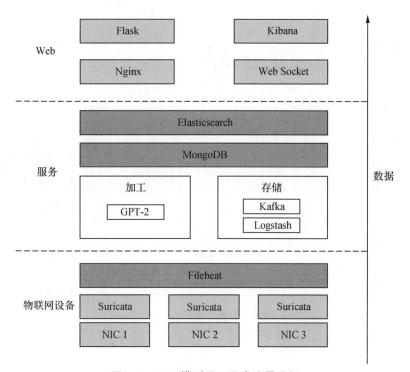

图6-8　GPT模型用于异常流量分析

（4）GPT与语义通信结合

语义通信（Semantic Communication，SemCom）能够利用编码器提取必要的语义信息，在传输压缩信息时消耗较少的带宽资源[29]。同时，接收机能够准确地解读传输比特的语义信息，减少信道噪声造成的语义失真，从而在语义层面上提高传输的可靠性[30]。基于这些优势，SemCom在完成提供高质量内容的端到端传输任务上表现出色。将SemCom与GPT相结合，有望在通信资源有限、计算资源分布不均匀的无线网络上提供AIGC服务。由于传输的是生成的语义信息，而不是整个内容位，因此可以减少通信资源的压力。此外，通过识别有意义的语义信息，同时去除噪声，可以将接收到的语义信息解码为高质量的内容，从而允许在恶劣的信道质量中提供合适的 AIGC 服务。

Runze Cheng 等人[31] 提出了一个 SemAIGC 框架，如图 6-9 所示，用于在无线网络中共同生成和传输图像，通过在 AIGC 编码器 – 解码器中部署扩散模型，建立工作负载可调的收发器。为了支持用户在复杂动态资源分配和信道有限质量条件下的多样化需求，将 AIGC 工作负载分配问题归结为马尔可夫决策过程（Markov Decision Process，MDP）问题，并提出了 ROOT 方案来智能地进行工作负载权衡决策，以智能地调整资源的使用和服务质量。

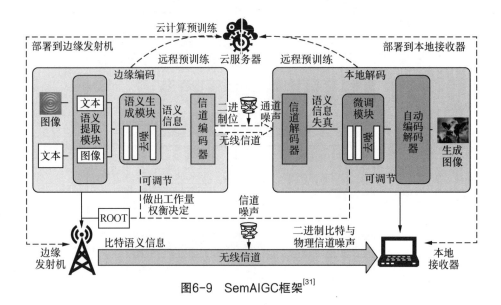

图6-9　SemAIGC框架[31]

6.3　GPT与通信融合发展

6.3.1　融合演进

6G 网络与 GPT 融合是未来潜在的发展方向，既包括为 6G 网络自身性能优化提供的智能能力，如利用端到端 AI 实现空口和网络的定制优化和自动化运维，提供满足多样化需求的最佳解决方案；也包括向第三方业务提供的智能能力，如通过 6G 网元原生集成通信、计算和感知能力，加速云上集中智能向边缘泛在智能演进，为服务第三方业务的 GPT 提供分布式学习的基础设施。

"6G+GPT"服务主要面对高实时、高性能、强安全等需求，在网络内进行训练或推理，提供适应不同应用场景的 AI 能力。6G 网络作为原生智能架构，利用网络内的通信、计算、数据集、基础模型等资源，结合 GPT 高效训练或推理能力，实现海量数据处理、网络自服务、资源优化和内生安全等任务，为用户提供无所不在的高性能 AI 服务。下面具体介绍 6G 与 GPT 融合发展的 4 个方向，如图 6-10 所示。

（1）GPT 支持海量数据处理

6G 网络需要服务海量数据采集、预处理、分布式存储和高速传输等基本数据类业务。信息时代数据量爆炸式增长，海量数据资源蕴藏着巨大的价值。随着

图6-10　GPT与6G紧密耦合

6G 时代更先进的智能终端和无线边缘设备的增多，对边缘侧算力的要求进一步提高。目前英伟达已发布 GPT 专用 GPU，推理速度可以提升 10 倍，满足对 6G 较高算力的需求。

6G 网络由大量用户网络（子网）构成，部署在不同子网的 GPT 在不同位置并以不同的方式接入 6G 网络，使网络具有融合多样化接入模式的能力，能够协调用户多接入路径，向用户提供更加可靠、高效的数据连接通道。此外，基于 GPT 的多模态模式可以同时处理、转换文本、图像、音频[32]等多种类型数据。

Oran Gafni 等人[33]提出了一种新的文本到图像生成模型，它利用先验知识将文本描述转换成图像。该模型由一个文本编码器、一个图像生成器和一个先验知识模块组成，该模块在人工注释的数据上进行训练。该模型可以在大型图像和文本描述数据集上进行训练，以响应用户请求快速地生成图像，例如创建道路地图的视觉表示。Andreas Blattmann 等人[34]提出基于级联视频扩散模型的文本条件视频生成系统 Imagen Video，使用基本视频生成模型、空间和时间视频超分辨率模型的交错序列，从文本输入生成高清视频。Imagen Video 不仅能制作出高质量的视频，还具有高水平的可控性和世界知识，可以生成各种艺术风格、具有 3D 对象理解能力的各种视频和文本动画。Paula Maddigan 等人[35]利用 GPT 将自然语言直接转换为可视化代码，同时降低了自然语言接口开发的成本，并确保数据的安全和隐私，如图 6-11 所示。

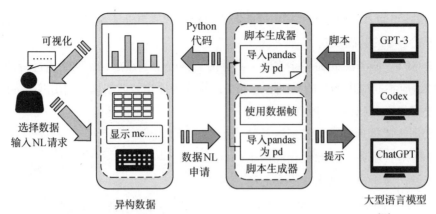

图6-11　Chat2VIS架构，将自由形式的查询文本转换为可视化[35]

GPT 强大的数据处理和分析能力帮助 6G 网络进一步统一数据业务和服务的标准（包括数据格式、参数定义、计算方式等），实现数据资源在 6G 网络内的快速流转和共享应用，实现以海量数据为中心的智能计算。

（2）GPT 推动网络自服务

6G 内生智能网络的特性之一是自适应匹配用户的个性化需求，为用户提供网络自服务能力。多样化的目标、多变的服务场景和个性化的用户需求，要求 6G 网络具有显著的可塑性。传统的通信系统是面向连接的，服务需求是事先确定的并且不会变化。能够主动感知网络环境和状态至关重要，同时不断进行决策和优化。最终，网络要从感知进化到认知，理解用户意图，构建闭环认知学习网络[36]。基于 GPT，6G 网络除了提供传统的固定连接服务之外，还应提供基于 AI 的动态服务，且服务需具备自适应性，能够动态地调度和编排多维资源以适应需求的变化，如图 6-12 所示。

具体体现在，用户对带宽、时延、计算能力、存储能力等性能指标的需求动态变化，网络接收到用户的个性化需求，基于 GPT 对用户意图进行分析并转译为对网络的 QoS 需求，进一步根据对当前网络的状态感知，将 QoS 需求设置为网络的执行方案或执行策略，自动编排和部署各域网络功能，整个过程中不需要运维人员介入，并支持动态资源分配以满足网络超大带宽、超低时延等不同目标，实现网络

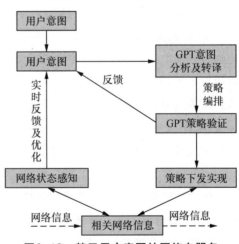

图6-12　基于用户意图的网络自服务

规模的自适应。

（3）GPT协助网络资源编排

6G网络是集通信、感知、计算于一体的信息系统，需要对通信资源、计算资源进行编排，以满足SLA需求并实现网络运营效率最优。编排是对计算机系统、应用及服务的自动化配置、管理和协调。云网资源按需进行网络资源编排是云网融合的关键，弥补了传统云网融合背景下网络提供的SLA保障和差异化保障技术较差的不足，为多样化的云业务部署提供了按需、可靠的连接[37]。如图6-13所示，基于GPT的云网资源按需编排模型，关键功能由意图驱动云网融合架构的意图引擎和服务引擎完成。

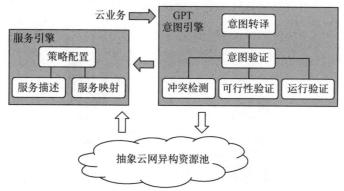

图6-13　基于GPT的云网资源按需编排模型

此外，基于GPT的网络AI服务解析和编排的解决方案，将AI服务映射为一个包含多个AI模型和多个数据处理模块的逻辑AI工作流，通过逻辑编排和封装对外体现完整的AI训练、推理服务，并进行资源消耗趋势预测，优化通信和计算资源编排调度方案。具体来说，根据对业务需求的分析，网络生成通感算联合优化需求，并下发意图管控功能。基于GPT辅助进行全面业务意图感知、网络意图解析、网络能力转换，并输出和下发具体的业务感知SLA需求，例如，综合智能、算力、连接情况，实现将业务SLA需求细化为业务传输计算模型和基站资源消耗的趋势。随后，基于学习算法优化影响通感算性能的网络配置参数，生成网络参数调优策略。指导资源编排，GPT与用户交互获得反馈，进而对策略进行迭代优化。

（4）GPT构建网络内生安全

6G网络为了实现泛在覆盖、泛在智能的愿景，深度融合以陆基通信系统为主的空基、天基、海基一体化网络，并充分利用人工智能与大数据挖掘技术的边缘化，不断拓展通信向各行各业的渗透。场景的切片化、接入网的异构化、接入点的边缘化与小型化、接入设备的海量化，令网络对恶意身份节点的攻击变得极为敏感。GPT 有望助力提供有效的安全技术来抵御和预判各类网络攻击，将在保护 6G 网络免受各种安全威胁方面发挥关键的作用。

基于零信任的软件定义安全边界，已应用于 6G 来构建新的安全边界防护体系[38]。通过始终持续性地验证用户、设备和应用的合法性及权限，来实时界定每次资源访问是否被合理授权，完全通过软件来定义对象的安全边界。在零信任的框架中，GPT 基于用户、设备和应用进行动态风险评估，及时对权限进行调整；根据用户身份、行为、时间、地址、应用上下文等信息来构建指定风险管控方案，更高效地综合分析、应对每次访问风险。

此外，分布式学习框架与 GPT 结合，可以增强 6G 网络中的隐私保护能力，如图 6-14 所示。

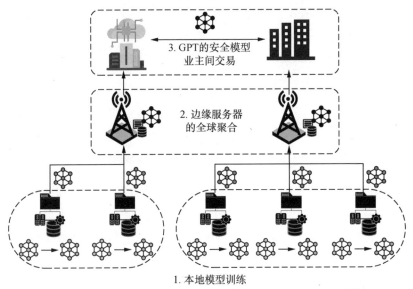

图6-14　分布式学习框架与GPT用于构建网络内生安全[38]

6.3.2　紧密结合

6G 将具备原生 AI 能力，不仅空口和网络设计将借助端到端 AI 和机器学习实现高度定制的优化，同时各个网元也将原生融合通信、计算与感知能力，从集中智能向分布式的网络泛在智能转变，通过边缘智能的分布式机器学习架构，满足社会生产的大规模智能需求[39]。6G 作为未来数字世界的"超级基础设施"，将以大连接、高算力和强安全的极致性能，支撑人、机、物的泛在智联，赋能全社会数字化转型，实现"万物智联，数字孪生"的美好愿景。GPT 与 6G 深度融合后，可应用的场景非常丰富，支撑和提供诸多新业务和应用，最典型的应用领域包括：智能工业、智慧医疗、智能交通、智慧农业、智能家居和数字娱乐等，如图 6-15 所示。

图6-15 "6G+GPT"赋能行业数字化转型

（1）"6G+GPT"赋能智能工业

近年来，以人工智能、大数据、云计算等为代表的新技术正在迅速与传统制造业融合，以"绿色"和"智能"为核心的制造模式，成为制造业的重点发展方向，如图 6-16 所示。现代工业智能化生产模式，建立在 AI 应用的基础上[40][41]，6G 通信技术与 GPT 的协同，可充分发挥两者的优势，提升工业系统性能，实现无线覆盖广、感知能力强、服务响应快等，进一步提高数据采集、处理和分析的效率，挖掘行业数据的潜在价值。

工业智能化生产通常有着较高的传输和处理时延、鲁棒性、可靠性要求，由于工业智能制造主要采用本地部署执行的特点，在 6G 与 GPT 的协同下，工作中的基站侧传输、算力、算法资源和能力的拓展非常重要，它能比传统方案提供更低的传输处理时延和抖动，从而保障更高的工业级信号处理的确定性。同时，工业智能生产线上部署的智能终端，都可能具备本地强大的无线感知和数据分析、推理、决策的能力。此外，还可以结合神经网络、模糊控制技术等先进算法应用于产品配方、业务编排等，实现智能制造过程，这有助于进一步提高生产效率和减少人工参与度，更好地满足客户的大规模个性化需求，实现工业生产技术的进步。

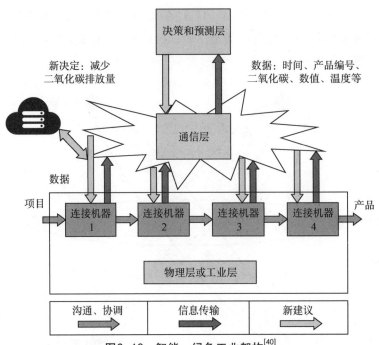

图6-16　智能、绿色工业架构[40]

（2）"6G+GPT"赋能智慧医疗

6G通过搭建统一的集成化平台，打破不同信息系统之间的壁垒，实现医疗数据的有效整合与互联互通，更好地支撑智慧医疗相关的海量信息的传输和同步。而GPT的出现，突破了传统AI模型受算法成熟度和病例样本数的限制，减少了人为参与和监控，简化了诊断方式和流程。

人类数字孪生（Human Digital Twin，HDT）有望将人体特征在虚拟空间实现复制模拟，同时实时反映其心理和生理的物理状态[42]，为个性化医疗保健带来革命性的变化。然而，HDT在个性化医疗中的成功实施在很大程度上取决于对大量多模态数据的利用。GPT生成的内容可用于支持个性化医疗保健中的HDT任务，如图6-17所示。例如，生成医学图像和3D模型帮助HDT进行建模和优化，而GPT的决策和与用户交互能力可以帮助实现交互实验和医疗服务[43]。

医疗传感器和智能可穿戴设备的发展推动了智慧医疗的改革，6G和GPT协同可直接应用于医疗传感器和智能可穿戴设备[44]，辅助收集个人身体和情感信息，提供实时、便捷的健康监测，提高医疗质量，并使用户能够掌握自己的健康情况。电子健康记录实现了患者完整病史的存储和显示，包括医疗状况、治疗计划、处方、过敏和其他详细信息。

6G 和 GPT 技术的结合，使不同的物理设备和对象与互联网进行连接和通信，优化了数据收集方式，高速传输、同步医生和患者的相关信息，从而不断迭代，提升预诊疗结果的准确性、可靠性和实时性。在 GPT 的辅助下实现患者信息分析管理的数字化和集中化[45]，帮助快速建立集中的患者信息存储库，实现数据驱动的决策，有助于加速推动智慧医疗改革。

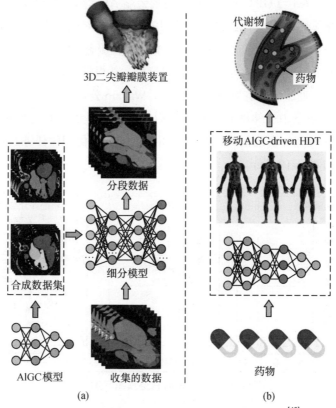

图6-17　智慧医疗中移动AIGC驱动的HDT用例[46]

（3）"6G+GPT"赋能智能交通

智能交通是 AI 和通信技术与现代交通系统融合的产物。"6G+GPT"可以给城市交通带来全新升级，通过进行实时数据的交换和协同决策，实现交通管理、自动驾驶[47]、交通情况预测、智能咨询助手、公共交通服务、交通规划设计、交通安全教育、交通事故报告和分析等功能，在自动驾驶、无人机快递、无人出租车、车路协同等方面推动城市交通体系的持续变革。

在进行路网级的交通信号控制协同时，针对各种公路网的感知是极其关键的。目前，对于公路网的感知主要依靠城市卡口、微波雷达、GPS 定位等数据源，交通数据采集设备的部署总体来说还比较稀疏，在构建时空模型时有价值的信息依然有限。6G与GPT协同将充分发挥内生感知和数据处理能力，有望通过广域覆盖提供全方位、多维度的路网感知数据[48]。

交通流的预测精度和时效性对于交通的主动管控非常关键，面向超大规模交通网络状态的估计和预测，6G与GPT协同相比于传统云端AI更贴近交通现场，从而能够提供更精准、更实时的预测结果，并且GPT可与相关人员进行单轮或多轮对话，协助其分析、解决交通事故，提供城轨应急事前、事中、事后的处置服务。

此外，GPT根据用户交互内容自动化创建过程，并根据其个性化需求进行服务定制，可以显著提高智慧交通服务的有效性[49]。例如，Waymo公司发布了一个VectorNet模型，用于预测自动驾驶场景中个体的行为及其与周围环境的互动，通过预测未来目标状态，有效捕捉未来多种可能的轨迹模式，并根据用户需求自动化创建任务过程，从而最终提高服务的效率，如图6-18所示。

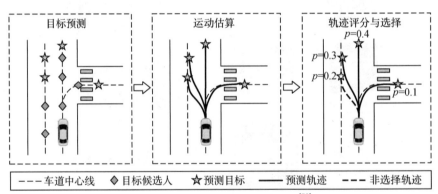

图6-18　车辆未来轨迹预测示例[50]

（4）"6G+GPT"赋能智慧农业

智慧农业是物联网技术在现代农业领域的应用，利用实时图像和视频对农业生产系统进行监控和检测。与传统手工或机械化农场相比，智慧农场可以采用基于"6G+GPT"的新型生产作业模式，如通过传感器采集农场片区的各类数据，智能调控农作物的生长环境，使其更好地满足作物生长的需要，并将各种类型的农业机器人应用到耕地、播种、喷药、收割、采摘、包装等农业作业环节中，进一步提高农场作业的质量及效率，减少人工投入。

"6G+GPT"能为智慧农场提供各种AI业务支持，包括基于多类传感器的感知数据精准获取与传输、基于海量数据的分布式AI模型训练、模型参数的高效传输与聚合、无人机喷洒作业路线的精准规划和飞行控制、农机自动驾驶路线规划等。Priyadharshini等人[51]提出了一种使用线性回归和神经网络的模型，帮助农民根据土壤状态选择合适的作物。该系统考虑了土壤、温度、季节、降雨量和地理位置等参数。根据上一年的数据进行作物利润分析，并考虑到一个地区的气候条件和土壤类型。在培养种植环节，智能传感器设备可以实时获取精准的数据，比如时刻监测大棚内的生长环境数据[52][53]，GPT据此输出温控、水肥等解决方案，帮助农民实现节能种植，真正达到降本增效的目的，如图6-19所示。基于"6G+GPT"控制采摘机器人[54]，通过高精度定位和动作控制，实现智能采摘。此外，基于对农作物生长数据的分析，对农作物的全生命周期进行管控，能够及时发现种植问题并发出预警，减少损失。Tahmid Enam Shrestha 等人[55]提出了一种改进的 AIGC 方法，利用 Kaggle 数据集在早期阶段对黄瓜的疾病进行识别和分类，其模型准确率高达96.81%，超过了现有的黄瓜叶病分类模型的准确性。

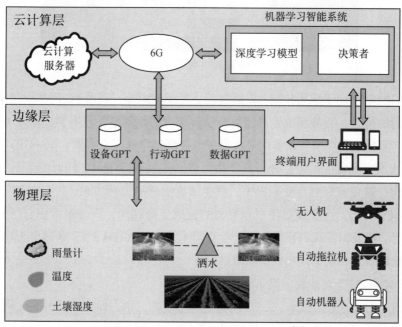

图6-19 "6G+GPT" 进行精准种植[54]

（5）"6G+GPT"赋能智能家居

智能家居是人工智能技术和物联网技术在居家生活场景中相互融合的产物。通过先进的通信和自动化控制技术，将家庭内的各种设备、设施和系统互联互通，实现家庭管理、设备控制、能源管理、安全监控等功能。智能家居系统能够像人类一样思考、决策和调节用户习惯和家庭环境，从而提供便捷、舒适、安全的智慧生活。据统计，在智能家居市场中，2022 年 AI 技术的行业整体渗透率约为 25%，预计 2025 年 AI 技术的行业整体渗透率将接近 50%，而在拥有计算机视觉、语音交互功能的智能扫地机器人、智能摄像头、智能门锁、智能音箱等品类中则有望突破 60%，如图 6-20 所示。

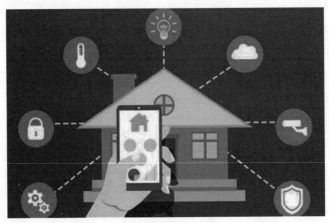

图6-20　智能家居

"6G+GPT"可用于家居控制、安防监控、健康监测等，利用 6G 网络设施，可以感知和分析人们的行为、手势和位置等信息，结合历史数据刻画住户习惯，通过 GPT 了解人们的意图，实现对各类家居设备的最优控制。在维护家庭安全方面，"6G+GPT"可检测非法入侵，基于家庭成员画像，分析并评估入侵动作的危险等级，同时安防系统自动触发报警等动作，避免家庭财产受到损失。在生活家居健康监测方面，"6G+GPT"基于传感数据进行识别分析，可实现对住户和宠物的健康监测管理，当健康指标与历史信息相比出现异常时，能及时发现和预警。在个性化需求方面，"6G+GPT"通过分析用户的习惯，定制个性化服务，满足不同用户的需求。

（6）"6G+GPT"赋能数字娱乐

数字娱乐行业存在"成本、效率、质量"的不可能三角，即难以同时兼顾研发成本、研发效率与产品质量。而 AIGC 的广泛应用，能够极大地提升策划、音频、美术、程序等环节的生产力，压缩整体项目的研发周期与人员规模，大幅降低制作成本。虚拟现实（Virtual Reality，VR）、增强现实（Augmented Reality，AR）、扩展现实（Extended Reality，XR）等技术的使用是新一代数字娱乐的趋势。"6G+GPT"能够提供完全沉浸式的交互场景，支持精确的空间互动，满足人类在多重感官甚至情感和意识层面的联通，助力实现现实环境中物理实体的数字化和智能化，构建虚实融合的数字娱乐新模式。

XR 需要进行对象定位和运动追踪，处理和反应依赖于 AI 的能力，GPT 技术可用于

6G网络未来XR业务，提供更为丰富的算力和算法资源，保证各种XR应用的执行和卓越的用户体验[56]。如图6-21所示，J. Chen等人[57]提出了GPT-VR Nexus系统，由GPT驱动，可创建真正身临其境的VR体验，并且无须对复杂的AI模型进行微调。除了AR、VR业务以外，6G网络需要更强大的网络图形图像业务，未来，会覆盖cloud XR，还有云游戏、智慧城市、数字孪生城市、数字可视化等。网络图形图像处理过程中存在大量的数据传输，这需要GPT对网络传输进行调优，保证网络的通畅和业务的时效性。此外，现实感知技术需要基于便携式终端感知周围环境，使信息收集更方便，GPT能够对信息进行识别、分析和处理，提供超越人类自身的强安全、高精度、低功耗的感知与成像能力。其中，超高分辨率场景需要更高的带宽和更大的天线孔径，通过"超越人眼"的GPT应用，可以获得皮肤下、遮挡物后或黑暗中隐藏的重要信息。

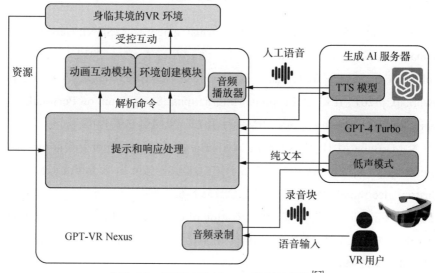

图6-21　GPT-VR Nexus 的系统架构[57]

6.4　本章小结

GPT与通信行业的融合正日益加深，这种融合不仅仅是技术层面的独立演进，更是前沿技术的交叉应用，预示着未来两者将实现更深层次的协同演进和紧密结合。这是相辅相成的结果，也是行业发展的必然趋势。

GPT与6G的紧密耦合，将极大地提高通信网络的智能化水平。GPT与通信领域的相关技术紧密结合，如MIMO、MEC、移动性管理等，将加速通信行业的创新和发展，为社会经济的数字化、网络化、智能化发展提供强有力的支撑，为通信行业带来前所未有的变革和机遇。

GPT 与 6G 的融合发展，预示着一个全新的智能化时代的来临。6G 作为下一代通信技术，为 GPT 提供了更广阔的应用平台和更高效的数据处理能力，推动多个领域的智能化发展，如智能工业、智慧医疗、智能交通等，从而实现生产效率的显著提升。随着 GPT 与 6G 的深度融合，全社会将迎来一个更加智能化、互联互通的时代。这不仅将极大地提升人们的生活质量，还将为人类创造出更加便利、高效、安全和有趣的生活方式。我们有理由相信，这一技术的融合将为人类社会的发展带来深远的影响。

参 考 文 献

[1] Seppo H, Henning S, Cinzia S. LTE self-organising networks (SON): Network management automation for operational efficiency[M]. John Wiley & Sons, 2012.

[2] Iacoboaiea O, Sayrac B, Jemaa S B, et al. SON conflict diagnosis in heterogeneous networks[C]//2015 IEEE 26th Annual International Symposium on Personal, Indoor, and Mobile Radio Communications (PIMRC). IEEE, 2015: 1459-1463.

[3] Isa I N M, Baba M D, Yusof A L, et al. Handover parameter optimization for self-organizing LTE networks[C]//2015 IEEE symposium on computer applications & industrial electronics (ISCAIE). IEEE, 2015: 1-6.

[4] Luketić I, Šimunić D, Blajić T. Optimization of coverage and capacity of self-organizing network in LTE[C]//2011 Proceedings of the 34th International Convention MIPRO. IEEE, 2011: 612-617.

[5] López Pérez D, Chu X, Vasilakos A V, et al. On distributed and coordinated resource allocation for interference mitigation in self-organizing LTE networks[J]. IEEE/ACM Transactions on Networking, 2012, 21(4): 1145-1158.

[6] Andrews J G, Buzzi S, Choi W, et al. What will 5G be?[J]. IEEE Journal on Selected Areas in Communications, 2014, 32(6): 1065-1082.

[7] Shafique K, Khawaja B A, Sabir F, et al. Internet of things (IoT) for next-generation smart systems: A review of current challenges, future trends and prospects for emerging 5G-IoT scenarios[J]. IEEE Access, 2020, 8: 23022-23040.

[8] Zhijin Q, Hao Y, Geoffrey Y L, Biing Hwang J, et al. Deep learning in physical layer

communications[J]. IEEE Wireless Communications, 2019, 26(2): 93–99.

[9] O'shea T, Hoydis J. An introduction to deep learning for the physical layer[J]. IEEE Transactions on Cognitive Communications and Networking, 2017, 3(4): 563–575.

[10]Kim H, Oh S, Viswanath P. Physical layer communication via deep learning[J]. IEEE Journal on Selected Areas in Information Theory, 2020, 1(1): 5–18.

[11]Sharma H, Kumar N. Deep learning based physical layer security for terrestrial communications in 5G and beyond networks: A survey[J]. Physical Communication, 2023, 57: 102002.

[12]Kamboj A K, Jindal P, Verma P. Machine learning–based physical layer security: techniques, open challenges, and applications[J]. Wireless Networks, 2021, 27(8): 5351–5383.

[13]Restuccia F, Melodia T. Deep learning at the physical layer: System challenges and applications to 5G and beyond[J]. IEEE Communications Magazine, 2020, 58(10): 58–64.

[14]Li S, Yuwei W, A. L S, Xiao T, et al. Generative–adversarial–network enabled signal detection for communication systems with unknown channel models[J]. Nursing Administration Quarterly, 2021, 39(1): 47–60.

[15]Nir S, Nariman F, Yonina C E, Andrea J G, et al. ViterbiNet: A deep learning based Viterbi algorithm for symbol detection[J]. IEEE Transactions on Wireless Communications, 2020, 19(5): 3319–3331.

[16]Hao Y, Le L, Geoffrey Y L, Biing Hwang J, et al. Deep learning–based end–to–end wireless communication systems with conditional GANs as unknown channels[J]. Computing Research Repository, 2020, 19(5): 3133–3143.

[17]Zheng Q, Guo C, Ding J, et al. A wideband low–RCS metasurface–inspired circularly polarized slot array based on AI–driven antenna design optimization algorithm[J]. IEEE Transactions on Antennas and Propagation, 2022, 70(9): 8584–8589.

[18]Dumitrel L, Shaofeng C, Gang C, et al. The disruptions of 5G on data–driven technologies and applications[J]. IEEE Transactions on Knowledge and Data Engineering, 2020, 32(6): 1179–1198.

[19]Lexi X, Xuefeng C, Liang Z, et al. Telecom big data assisted BS resource analysis for LTE/5G systems[J]. International Journal of Ad Hoc and Ubiquitous Computing, 2019: 81–88.

[20]Tiago K R, Katsuya S, Hiroki N, et al. Machine learning meets computation and

communication control in evolving edge and cloud: Challenges and future perspective[J].
IEEE Communications Surveys and Tutorials, 2020, 22: 38–67.

[21] Yong C, Rui W, Min C, et al. AI agent in software–defined network: Agent–based network service prediction and wireless resource scheduling optimization[J]. IEEE internet of things journal, 2020, 7: 5816–5826.

[22] Xiaochen L, Chunhe X, Tianbo W, et al. A behavior–aware SLA–based framework for guaranteeing the security conformance of cloud service[J]. Frontiers of Computer Science, 2020, 14(6): 146808.

[23] Hussein A A, Raviraj A, Shahram S, Gary B, Kothapalli V S, et al. User–centric cell–free massive MIMO networks: A survey of opportunities, challenges and solutions[J]. arXiv preprint arXiv: 2104.14589, 2021.

[24] Hongyang D, Ruichen Z, Dusit N, et al. User–centric interactive AI for distributed diffusion model–based AI–generated content[J]. arXiv preprint arXiv: 2311.11094, 2023.

[25] Wayne X Z, Kun Z, Junyi L, et al. A survey of large language models[J]. arXiv preprint arXiv: 2303.18223, 2023.

[26] Hongyang D, Guangyuan L, Yijing L, et al. Mixture of experts for network optimization: A large language model–enabled approach[J]. arXiv preprint arXiv: 2402.09756, 2024.

[27] Nan–nan L, Fu–qiang L, Ping W, et al. Double resource allocation handover for vehicular device–to–device communication[J]. DEStech Transactions on Computer Science and Engineering, 2018:8.

[28] Ximing Z, Tong C, Jingyi W, et al. Intelligent network threat detection engine based on open source GPT–2 model[J]. 2023 International Conference on Computer Science and Automation Technology (CSAT), 2023: 392–397.

[29] Danlan H, Xiaoming T, Feifei G, et al. Deep learning–based image semantic coding for semantic communications[C]// Global Communications Conference, 2021: 1–6.

[30] Güler B, Yener A, Swami A. The semantic communication game[J]. IEEE Transactions on Cognitive Communications and Networking, 2018, 4(4): 787–802.

[31] Runze C, Yao S, Dusit N, et al. A wireless AI–generated content (AIGC) provisioning framework empowered by semantic communication[J]. arXiv preprint arXiv: 2310.17705, 2023.

[32] Yinqiu L, Hongyang D, Dusit N, et al. Deep generative model and its applications in efficient wireless network management: A tutorial and case study[J]. IEEE wireless

communications, 2024: 1-9.

[33]Oran G, Adam P, Oron A, et al. Make-a-scene: Scene-based text-to-image generation with human priors[J]. European Conference on Computer Vision, 2022, 13675: 89-106.

[34]Blattmann A, Rombach R, Oktay K, et al. Semiparametric neural image synthesis[J]. arXiv preprint arXiv: 2204.11824, 2022.

[35]Maddigan P, Susnjak T. Chat2VIS: generating data visualizations via natural language using ChatGPT, codex and GPT-3 large language models[J]. Ieee Access, 2023, 11: 45181-45193.

[36]Jingyu W, Lei Z, Yiran Y, et al. Network meets ChatGPT: Intent autonomous management, control and operation[J]. J. Commun. Inf. Networks, 2023, 8(3): 239-255.

[37]张露露，杨春刚，王栋，等. 意图驱动的云网融合按需编排[J]. 电信科学，2022，38(10).

[38]Jeong S W, Kim C G, Whangbo T K. Question answering system for healthcare Information based on BERT and GPT[C]//2023 Joint International Conference on Digital Arts, Media and Technology with ECTI Northern Section Conference on Electrical, Electronics, Computer and Telecommunications Engineering (ECTI DAMT & NCON). IEEE, 2023: 348-352.

[39]Letaief K B, Shi Y, Lu J, et al. Edge artificial intelligence for 6G: Vision, enabling technologies, and applications[J]. IEEE Journal on Selected Areas in Communications, 2021, 40(1): 5-36.

[40]Gopinath R, Jensen C, Groce A. Code coverage for suite evaluation by developers[C]// Proceedings of the 36th International Conference on software engineering. IEEE, 2014: 72-82.

[41]Ammann P, Offutt J. Introduction to Software Testing[M]. Cambridge University Press, 2016.

[42]Samuel D O, Jun C, Dusit N, Changyan Y, et al. Human digital twin for personalized healthcare: Vision, architecture and future directions[J]. IEEE Network, 2023, 37(2): 262-269.

[43]Jarada T N, Rokne J G, Alhajj R. SNF-CVAE: computational method to predict drug-disease interactions using similarity network fusion and collective variational autoencoder[J]. Knowledge-Based Systems, 2021, 212: 106585.

[44]Panchal B, Parmar S, Rathod T, et al. AI and blockchain-based secure message exchange framework for medical Internet of things[C]//2023 International Conference on Network,

Multimedia and Information Technology (NMITCON). IEEE, 2023: 1–6.

[45]Kuzlu M, Xiao Z, Sarp S, et al. The rise of generative artificial intelligence in healthcare[C]//2023 12th Mediterranean Conference on Embedded Computing (MECO). IEEE, 2023: 1–4.

[46]Jiayuan C, Changyan Y, Hongyang D, et al. A revolution of personalized healthcare: enabling human digital twin with mobile AIGC[J]. arXiv preprint arXiv: 2307.12115, 2023.

[47]Kai L, Xincao X, Mengliang C, et al. A hierarchical architecture for the future Internet of vehicles[J]. IEEE Communications Magazine, 2019, 57(7): 41–47.

[48]Cao H, Garg S, Kaddoum G, et al. Softwarized resource management and allocation with autonomous awareness for 6G–enabled cooperative intelligent transportation systems[J]. IEEE Transactions on Intelligent Transportation Systems, 2022, 23(12): 24662–24671.

[49]Mou C, Wang X, Xie L, et al. T2I–Adapter: Learning adapters to dig out more controllable ability for text–to–image diffusion models[J]. arXiv preprint arXiv:2302.08453, 2024.

[50]Hang Z, Jiyang G, Tian L, et al. TNT–target–driven trajectory prediction[J]. arXiv preprint arXiv: 2008.08294: 895–904, 2020.

[51]Priyadharshini A, Swapneel C, Aayush K, et al. Intelligent crop recommendation system using machine learning[C]// 2021 5th International Conference on Computing Methodologies and Communication (ICCMC). IEEE, 2021, 843–848.

[52]史明文. 基于生菜生长模型的温室环境节能控制方法研究[D]. 西北农林科技大学，2023.

[53]吴卫熊. 甘蔗水肥效应及其生长参数的无人机光谱监测模型研究[D]. 河北工程大学，2023.

[54]Ranjha A, Kaddoum G, Dev K. Facilitating URLLC in UAV–assisted relay systems with multiple–mobile robots for 6G networks: A prospective of agriculture 4.0[J]. IEEE Transactions on Industrial Informatics, 2021, 18(7): 4954–4965.

[55]Tahmid E S, Al R A, Sharia A T, et al. Revolutionizing cucumber agriculture: AI for Precision Classification of Leaf Diseases[J]. 2024 6th International Conference on Electrical Engineering and Information & Communication Technology (ICEEICT), 2024: 776–781.

[56]Esswie A A, Repeta M. Evolution of 3GPP standards towards true extended reality (XR) support in 6G networks[J]. arXiv preprint arXiv: 2306.04012, 2023.

[57]Chen J, Lan T, Li B. GPT–VR Nexus: ChatGPT–Powered Immersive Virtual Reality Experience[C]//2024 IEEE Conference on Virtual Reality and 3D User Interfaces Abstracts and Workshops (VRW). IEEE, 2024: 01–02.

第 **7** 章

GPT 与通信融合发展面临的问题

第6章研究了GPT大模型与通信从独立演进到融合发展的过程，并讨论了未来6G网络与GPT结合后如何支撑更多行业的数字化转型。然而，在二者协同发展和实际应用的过程中，仍然存在一些难点和挑战。这是因为通用大模型虽然能够掌握广阔的通识知识，但缺乏对特定任务和行业的深入理解，导致其在面对不同领域的专业化需求时，很难给出令人满意的解决方案。此外，大模型本身也存在一些局限性，通信行业的数据复杂性及网络环境的动态变化等因素，都可能导致模型输出效果不佳。

因此，在将GPT大模型应用到通信领域时，往往会与实际场景的应用需求存在一定差距。本章将分别从高质量数据稀缺、硬件资源不足、云边端网络协同难、带宽存在瓶颈及相关法律滞后这5个角度进行分析，讨论"GPT+通信"融合发展过程中需要解决的痛点问题和可能的研究思路，如图7-1所示。

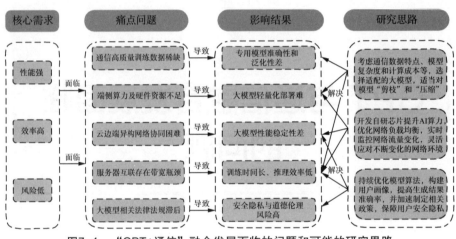

图7-1 "GPT+通信"融合发展面临的问题和可能的研究思路

7.1 通信高质量训练数据稀缺，专用模型准确性和泛化性差

在数字经济飞速发展的今天，各个行业都积累了丰富的专业知识和实践经验，包括技术规范、操作流程、行业术语等。为了开发出能够满足特定行业需求，特别是对精度和专业性要求极高的垂直行业模型，大模型就必须将这些行业知识和专有数据相结合，融入模型的训练过程中。这不仅是一个简单的数据输入过程，更是一个深度学习和内化行业知识的过程，它要求模型从通用型向专用型转变，以实现更精准的预测和决策支持。在设计和训练适配通信领域的GPT大模型时，训练数据集的选择和构建尤为关键，数据

集的质量会直接影响模型生成内容的准确性和相关性。然而，通信领域中的高质量训练数据仍然稀缺，使得大模型在理解和处理这些复杂或非标准的指令时出现欠拟合现象，准确性较差。

如图 7-2 所示，通信高质量数据的稀缺将导致模型性能降低。此外，如果模型的训练仅限于对单一的数据集进行重复训练，可能导致模型出现过拟合现象，即模型对训练数据过于敏感，而降低了对新情况的适应能力。这将严重影响模型的泛化能力，对通信专用模型性能的进一步提升提出了挑战。

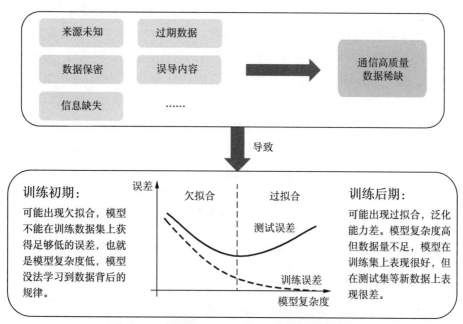

图7-2　通信高质量数据稀缺导致模型性能降低

通常提到的准确性指的是大模型生成的回答是否正确，是否符合逻辑和人们的认知常理，是否能够被人们理解、解释和信任。在通信领域，准确性尤其关键，因为高准确性意味着模型能够精确地识别和处理信号、进行有效的调制解调，以及准确预测和管理频谱资源。这些任务的准确完成直接影响通信系统的性能和稳定性。为了达到高准确性，模型进行学习所需的高质量的数据应能够全面覆盖通信领域的各种情况和场景，并且输出符合逻辑和认知常理，易于被人们理解和信任。而泛化性描述了模型对新的、未见过的数据的处理能力。一个具有良好泛化性的模型能够将训练学到的规律应用到新情境中[1]，不仅能够在训练数据上表现出色，还能够在新数据上进行准确的预测和决策。现实世界中的数据是多样且不断变化的，模型同样需要适应这种多样性和变化性，因此泛化性是衡量大模型性能的重要指标。

模型泛化性差会造成很多问题。当训练数据集样本过于单一，模型可能会出现欠拟合或过拟合的问题。欠拟合是指模型在训练初期对数据集学习不足，无法捕捉数据中的规律和模式的现象。而过拟合则是指模型过度适应训练数据，过于强调训练数据中的每个细节，而不是学习普遍规律，导致模型在新数据上表现不佳，泛化性大幅度降低[2]。过拟合可能是因为训练数据集样本单一，也可能是因为模型过于复杂，过于贴合训练数据，而忽略了数据之间的一般关系，以至于学习到了训练数据的噪声和细微差异。

除了欠拟合和过拟合的问题，不足或低质量的模型训练数据还会造成大模型出现"幻觉"问题，主要有事实性幻觉与忠实性幻觉两种，如图7-3所示。事实性幻觉[3]指的是模型生成的内容包含与现实世界可验证事实相矛盾的信息。例如，问模型"第一个在月球上行走的人是谁"，模型回复"查尔斯·林德伯格在1951年月球先锋任务中第一个登上月球"。实际上，查尔斯·林德伯格是一位真实存在的飞行员，但普遍认为第一个登上月球的人是尼尔·阿姆斯特朗。而忠实性幻觉是指模型生成的内容与用户的指令或上下文不一致，这种输出不一致的情况可能与要求完全无关，或者逻辑不连贯。例如用户本想让模型总结2023年10月的新闻，结果模型却在说2006年10月的事。

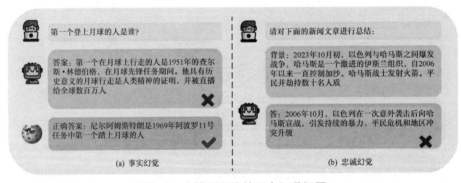

图7-3　大模型面临的两大幻觉问题

在深度学习领域，许多研究在评估深度学习模型时只关注准确性，而忽视了泛化性。这意味着这些模型可能在特定数据集上表现良好，但在新的环境下可能无法泛化。在实际的通信系统中，由于环境多变，模型需要能够适应不同的数据[4]，否则模型的实用性将极大受限。因此在设计通信领域的深度学习模型时，需要在准确性和泛化性之间进行平衡，使模型不仅在训练数据上表现良好，还要能够在新的数据上保持性能的稳定，这就会涉及更复杂的模型架构设计和数据增强等策略。但是，实现这一目标面临着获取高质量数据的挑战，目前通信领域训练所用数据量远远低于需求，通常只有数十 GB，与达到模型理想性能所需的数百 GB 到数个 TB 相比，存在巨大差距。而且现代预训练数据集的巨大规模使得任何个人都无法彻底阅读其所包含的所有文档，或对其进行质量评估。因此，如何从海量数据中挑选合适的高质量数据集对 GPT 进行预训练仍有待研究[5]。

但是，通信行业内的许多数据未公开或受到商业保密协议的保护，导致公开可用的数据来源有限，或数据缺失无法充分利用。由于行业的专业性强，非可靠来源的数据更可能包含技术上的错误、过时的信息或误导性内容。在通信行业中，使用不准确的数据训练的大模型可能会生成包含事实错误、逻辑错误或偏见性观点的内容，导致技术误解和错误的决策，这在设计网络、维护系统或应对紧急情况时尤为严重，不仅会降低用户对模型的信任度，甚至可能造成严重的事故。

因此，针对通信领域不同任务的特殊需求，为了在有限数据下训练专用大模型，不仅需要综合考虑通信数据的特点、大模型本身的复杂度和计算成本等因素，选择适配任务的大模型，还需要按需求对模型进行"剪枝"和"压缩"。模型剪枝是指通过移除不重要的权重或神经元来简化模型，从而降低计算成本，同时尽量保持模型的性能。但剪枝策略仍存在一些弊端。剪枝后微调的模型性能可能仅略优于或甚至不如随机权重初始化的模型，而且过度参数化的大模型并非必要，直接训练目标网络可能更有效[6]。而"压缩"指的是权重量化、知识蒸馏等，可以用来减少模型的大小，使其更适合在资源受限的设备上运行。

7.2　端侧算力及硬件资源不足，大模型轻量化部署难

在 AI 技术快速发展的当下，智能手机等移动设备在人机交互、语音交流等功能方面的需求不断提升，将大模型轻量化部署到终端设备（如智能手机、物联网设备等）正成为一个重要的研究方向和发展趋势。端侧 AI 指的是在设备本地进行数据处理和机器学习模型推理，而不是将数据发送到云端服务器，无须等待网络响应，降低了对网络的依赖，提高了响应速度[7][8]。另外，其数据在本地处理，能保护用户隐私，并且能够减少对于网络带宽的需求，有助于其适应带宽受限的环境。利用端侧 AI 还可以更好地为用户提供个性化的服务和支持，帮助用户进行自我管理。端侧 AI 还能够降低运行成本，减少处理延迟，具备可扩展性、环境适应性、易集成性。如图 7-4 所示，种种因素展现了端侧部署的重要性，决定了端侧 AI 具有极强的创新潜力和市场潜力，发展前景广阔。

然而，这一设想的实现仍面临诸多挑战。当今普遍的从云侧训练模型到端侧部署的流程存在一定的问题。一般框架从云侧训练模型，在端侧部署模型，其流程如图 7-5 所示。但是这种方式目前存在一些问题。首先，两套模型的定义很难保持一致，比如云侧和端

侧的算子经常会出现一方缺失的问题，导致模型转换失败。其次，云和端都需要的功能会重复开发，并可能不一致。比如为了提升推理性能而进行的优化需要端云两边都做一遍，数据处理的不一致可能会导致精度问题。最后，云侧训练好的模型在端侧进行在线训练需要相对复杂的转换，效率难以得到保障。

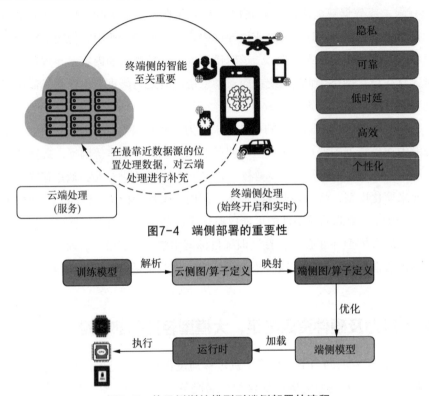

图7-4　端侧部署的重要性

图7-5　从云侧训练模型到端侧部署的流程

早期的智能手机语音助手，虽然具备基本的人机交互能力，但在复杂问题的处理上表现得并不理想，功能也较为单一。随着 ChatGPT 等大模型的发展，AI 能力得到显著提升，原本功能有限的语音助手有望处理更复杂的问题，这无疑是手机制造商们迫切希望落地的技术。例如，苹果最早搭建了 Ajax 大模型，并推出了内部测试聊天机器人"Apple GPT"；vivo 发布了自研的覆盖多个参数量级的"蓝心"大模型，包括端云两用模型和端侧专业文本大模型等；小米宣布其自研 MiLM 轻量级大模型已经接入了新发布的澎湃操作系统（Operating System，OS）；华为也宣布 HarmonyOS 4 系统将全面接入"盘古"大模型；荣耀、OPPO、三星等其他终端厂商也都在纷纷布局，将大模型装进手机，如图 7-6 所示。

时间	公司	相关布局
2023年7月	苹果	搭建了大型语言模型AjaX，并推出了一个名为"Apple GPT"的内部聊天机器人来测试此功能。预计每年将在人工智能的研究上投入10亿美元，更智能的新版本Siri有望于2024年问世
2023年8月	小米	推出MiLM轻量级大模型，技术主力突破方向是轻量化和本地部署，目前已在手机端跑通13亿个参数的大模型
2023年8月	华为	宣布HarmonyOS 4系统将全面接入"盘古"大模型，利用AI大模型、HarmonyOS API等技术，把语音助手小艺变成更懂用户的个性化助手
2023年11月	OPPO	在OPPO开发者大会上正式发布了自主训练的个性专属大模型与智能体——安第斯大模型(AndesGPT)，以"端云协同"为基础架构设计思路，推出多种不同参数规模的模型规格
2023年11月	vivo	在2023vivo开发者大会上，vivo正式发布自研"蓝心"大模型，含覆盖十亿、百亿、千亿三个参数量级的五款大模型，全面覆盖用户核心场景
2024年1月	荣耀	在MagicOS 8.0发布会上，正式揭晓了自研的端侧70亿个参数平台级AI大模型——"魔法大模型"。且与百度智能云达成了战略合作，通过其千帆大模型平台的端云协同，生成专业内容
2024年1月	三星	在三星Galaxy S24系列上搭载了Galaxy AI，将从语音、文本、图像和视频处理三方面，提升用户体验

图7-6　部分手机厂商在终端部署大模型的进展

然而，由于算力及硬件设备等的限制，终端设备很难运行大型、复杂的端侧AI。而且移动设备的存储空间有限，往往需要进行压缩和优化，但这又会影响模型的准确性和性能。同时，端侧AI的能耗较大，这对移动设备电池的要求较高。为了满足用户的需求，端侧AI还必须能够提供及时的响应，这就需要大模型具有高效的算法和快速处理数据的能力。为了保护用户的隐私和数据的安全，还需要强大的加密和安全措施。当前的实际应用还远远满足不了这些需求。

要将大模型部署到终端设备上，对算力和硬件层面提出了更高的要求。据统计，vivo、荣耀、小米的大模型基本上从十亿级的参数量开始做起，逐渐往更大的参数量拓展。这表明了终端设备上AI模型的复杂度和模型性能正在不断地提升。目前，手机厂商在大模型计算上，基本采用两种路径：端侧计算和云端计算。端侧计算也称为边缘计算，是指在智能手机或其他移动设备上直接进行数据处理和计算。这种计算方式延迟低、隐私保护性好，适用于对实时性要求高、对隐私保护要求严格的应用场景；而云端计算是指通过互联网将智能手机等设备的数据发送到远程服务器上进行处理和存储。这种计算方法的算力强大，可根据需求灵活扩展，适用于需要大量存储空间和计算能力的应用。荣耀、小米等公司采用的是端侧计算的模式，vivo等公司则采用了端侧和云端两条路径并行的方式。云端计算的能力更强，但每次计算的成本较高，可能会对手机厂商造成经济负担。此外，云端网络需要上传到服务器，这可能引发用户对数据隐私和安全的担忧。相比之下，由于端侧计算在本地设备上完成，其成本更为可控，并且相关数据不用上传云端，安全隐私性更强，减少了数据泄露的风险。

硬件方面，为了支持大模型的运行，终端设备的硬件也需要具备更强大的计算能力，这可能涉及CPU、GPU、NPU等处理器的升级，以及更大容量的存储和内存。随着计算需求的增加，终端设备的散热设计也变得尤为重要。良好的散热设计可以保证设备在高负载下稳定地运行，同时提高能效比，延长电池的续航。同时，软件方面也应做出相应的革新。为移动设备提供灵活的模型优化和部署框架。例如，商汤科技推出的Spring.NART模型部署框架支持多种硬件设备，通过编译优化技术和量化模型生产工具实现高效的模型自动化部署。

为了更好地支持大模型，软件和硬件还需要协同优化。如紫光展锐提供了一种软件、硬件、算法一体化的全栈AI解决方案，通过优化带宽瓶颈和采用低比特量化技术，使大模型在端侧部署成为可能。同时，为了降低大模型在端侧的性能消耗，同时减少资源的占用，还需要进行算子优化与内存管理。这方面，OPPO Find X7系列通过模型压缩和轻量化技术，实现了70亿个参数模型的端侧应用。

在具体实现过程中，大模型需要大量内存来存储参数，并且在执行复杂的计算任务时会需要巨大的算力资源和电量消耗。而智能手机等移动设备的硬件资源和电池容量有限，轻量化部署仍然存在内存约束、算力不足及功耗较大等许多挑战。然而，上述模型的轻量化挑战绝非无法攻克。随着相关技术的进步与难关的突破，上述问题已经得到了一定的改善。针对内存约束，模型压缩技术可以减少模型的参数量，模型蒸馏可以将大型复杂模型的知识迁移到更小的模型中，从而减少内存的占用。针对算力不足的问题，轻量级神经网络架构和异构计算资源可以显著提高模型的计算效率。而针对功耗较大的问题，采用能量效率优化技术可以根据任务需求调整硬件的性能，减少能耗。

当下，端侧AI正处于一个关键的发展阶段。通过上述策略，可以在有限的硬件资源和算力条件下，有效地实现大模型在移动设备上的轻量化部署。这不仅能够提高模型的运行效率，保障用户获得流畅且满意的使用体验，更有利于端侧AI应用向更大范围、更多领域铺开，并切实给业务带来价值。

7.3 云边端异构网络高效协同难，大模型性能稳定性差

云边端异构网络是一种将云计算、边缘计算和端点设备集成在一起的网络结构，用于处理和优化从数据源点到计算中心的数据流。其中，云计算层位于网络的最上层，它具有高性能的处理器和大容量的存储系统，负责进行大规模数据处理、存储和复杂计算的任务。云服务还提供高度的数据冗余和恢复能力，确保系统的高可用性和数据的安全性。而边缘计算层位于用户与云服务之间，是靠近数据产生的源头。边缘节点可以是路由器、交换机、微服务器等设备，它们处理从端点设备发来的数据，执行实时的数据分析、处理和决策，从而减少对中心云资源的依赖和数据传输延迟。这种网络设计能够提高计算效率、

减少延迟、增加系统的可扩展性和灵活性，同时确保数据处理的安全性和隐私性。

在当前大模型体系架构下，在终端设备上部署 GPT 应用并形成实际业务的服务需求，需要云边端共同参与完成。GPT 大模型在边缘节点部署，而用于预训练过程的大规模数据库通常在云端存储，这涉及终端—边缘节点和边缘节点—云端两段链路的数据传输。然而，随着移动用户的个性化需求剧增，为了满足更多用户的需求，云边端网络需要实现高效协同，计算资源需要实现合理化分配，否则可能会导致大模型稳定性的下降，影响用户体验。

在云边端异构网络中，数据的处理和分析任务根据其计算需求和响应时间要求在云层、边缘层和端点层之间动态分配。通过智能路由和网络协议，这种网络可以优化数据流，减少冗余传输，提高响应速度和资源利用率[9]。总之，云边端异构网络是现代网络架构的一种重要发展方向，它通过有效地结合云计算的强大功能与边缘计算的实时性，以及端点设备的普及和便捷性，为多种行业和应用提供了强有力的支持，尤其是在物联网和智能设备快速发展的今天。边缘—云计算的系统模型和结构如图 7-7 所示。

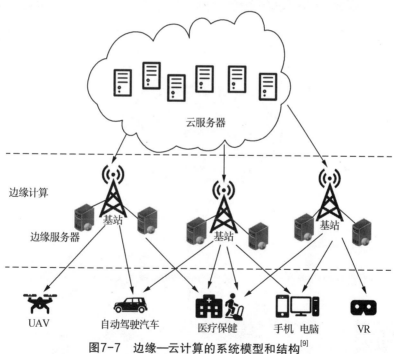

图7-7　边缘—云计算的系统模型和结构[9]

然而，随着移动用户对个性化服务需求的增加，为了满足更多用户，云边端网络需要高效协同并实现计算资源的合理化分配，以防止大模型稳定性的下降和用户体验的恶化。而其面临的挑战包括异构性导致的兼容性问题、巨大的数据量与实时性要求之间的矛盾与动态资源调度与负载的均衡性等问题。例如，不同设备之间的通信延迟和带宽限制对于大模型如 GPT 在执行实时任务时尤为关键，如实时视频分析或自动驾驶系统的决策支持。

云服务器以其强大的处理能力和存储容量，适合处理大规模和复杂的任务。边缘节点作为用户与云资源之间的中介，拥有一定的计算能力和存储空间，可以减少数据传输的延迟，加快任务响应速度。而终端设备，如智能手机和传感器等，虽然其计算资源和存储容量有限，但它们位于数据采集的最前线，能够捕获大量的实时数据。这些设备通常负责执行简单的数据预处理和初步分析，以减轻后端服务器的负载和网络带宽的需求。在这种分层的网络架构中，数据和任务会根据其特性和处理需求在云端、边缘节点和终端设备之间进行动态流动，如图 7-8 所示。

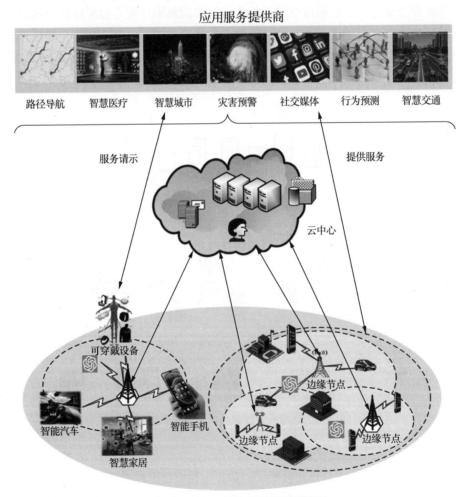

图7-8　GPT+云边端异构网络架构

然而，尽管边缘计算提供了将数据处理和存储近距离地靠近数据源的潜力，由于物联网带宽资源的限制及其他基础设施的制约因素，其发展仍然处于相对初级的阶段[10]。在这种环境下，需要考虑如何在保持模型准确性的同时，在物联网设备上有效地运行这些模型。其中最关键的因素是边缘应用的处理速度[11]，确保数据处理不仅快速并且也准确。

同时，网络中不同节点之间的性能、存储和网络连接能力的显著差异增加了问题的复杂性。云服务器通常配备有高性能处理器和大量存储空间，使其能够处理复杂的计算任务和存储大量的数据。相比之下，边缘节点和终端设备通常在计算能力和存储容量上有限，这种性能和能力的差异直接影响了大模型在这些设备上的运行效率和准确性。

首先，响应时间在云端、边缘节点和终端设备之间存在显著差异。云服务器可以在几十毫秒内处理请求，这得益于其强大的处理能力和高速连接。相对而言，边缘设备的处理速度较慢，通常需要几百毫秒到几秒，这主要是由于其计算资源相对有限。至于终端设备，如智能手机或IoT设备，在处理复杂任务时，延迟可能会更加显著，这很大程度上是由于设备的处理能力和内存限制所致。

其次，边缘节点的处理能力有限，导致模型性能可能出现波动。大模型的有效运行常常需要在多个计算节点间同步大量数据。网络延迟和数据传输速率都是关键因素，这些因素直接影响模型的实时响应和决策能力。例如，在数据密集和计算密集的应用场景中，如智能交通系统，高峰期的数据处理需求可能超出边缘节点的处理能力，导致模型的响应速度变慢。

最后，大模型的稳定性还受到网络节点可靠性和故障恢复能力的影响。边缘节点的故障或中断可能导致服务的中断，这需要通过增强网络的冗余和恢复机制来管理。因此，需要综合考虑设备的性能和资源约束，以高效协同工作，同时保持系统的准确性和可靠性。

例如在城市监控系统中，大量数据需要从监控摄像头传输至云端服务器以进行有效的处理。传输过程中的延迟对实时监控的效率和应急快速响应能力有显著影响。此外，在处理计算密集型模型时，边缘节点可能受到其硬件性能的限制，难以达到理想的处理速度和精度。在自动驾驶中，车辆需要快速处理来自众多传感器的大量数据[12]。在这种时延敏感型应用中，高带宽、低延迟的网络连接是保障实时决策乃至驾驶安全的重要因素。因此，优化网络负载均衡、分析用户需求并合理分配有限资源至关重要，这有助于灵活应对不断变化的网络环境，提高云边端异构网络的协同能力，并维持大模型的稳定运行。

7.4 服务器互联存在带宽瓶颈，训练时间长推理效率低

大模型的训练和推理过程需要大量的计算资源和数据，仅大模型训练就需要由数千片甚至上万片 GPU 组成的集群连续训练数月的时间，海量计算的同时还有海量数据交换的需求，与传统 CPU 和存储集群比较，内部通信互联要求的提高十分明显。随着模型参数量及 GPU 算力的增加，要在动态无线通信环境下同时满足生成内容高质量和低延迟，需要更高的互联带宽才能支持。

然而，由于目前计算服务器间的互联带宽不足，这可能会导致网络传输速率过慢甚至中断，需要很长时间才能从云服务器上下载数据，从而影响资源的使用率，降低整个训练和推理过程的效率和准确性。如图 7-9 所示，当前通信带宽提升速度远低于计算提升速度。

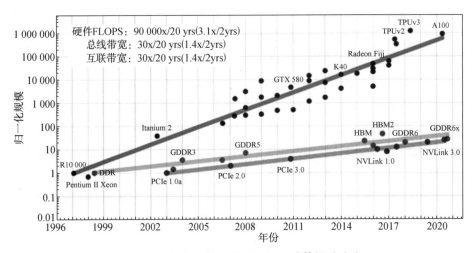

图7-9　通信带宽提升速度远低于计算提升速度

GPT 等大模型具有巨大的参数量，如 GPT-3 拥有 1 750 亿个参数，每次迭代都涉及海量数据通过复杂的神经网络层的前向和反向传播，因此管理和训练如此庞大的模型需要极其庞大的计算资源和时间。在分布式训练环境中，数据需要在多个训练节点之间传输，在通信带宽有限或网络延迟较高的情况下，数据传输和处理的延迟会显著影响整体训练的效率。此外，在分布式系统中，节点间的同步，尤其是在参数更新时的同步，需要大量的跨节点通信。当使用数据并行策略时，每次迭代后都需要同步所有模型副本的参数更新，这会导致巨大的通信开销。高的通信开销会增加每次训练迭代的时间，从而延长整个训练过程。

尽管 GPU 和其他专用硬件加速了许多计算任务，但硬件的性能仍可能成为 GPT 推理效率的瓶颈。特别是当模型超过 GPU 内存容量时，必须采用如模型并行等技术来分配不同部分的模型到不同的 GPU 上。这不仅增加了复杂性，还可能由于硬件资源限制而降低运算效率。通常，仅训练一个大模型就需要由数千片甚至上万片 GPU 组成的集群连续工作数月之久。在这一过程中，不仅涉及海量的计算需求，还伴随着大量的数据交换，这对内部通信互联的要求非常高。与传统的依赖 CPU 和存储集群的框架相比，大模型需要的网络带宽和数据传输速率明显更高，以确保数据的流动性和处理效率。

随着模型规模的不断扩大，单 GPU、单服务器已经无法满足计算和存储的需求，对于动态无线通信环境下的低时延与高质量的要求也在不断提升。首先，并行处理需要同时传输大量数据到多个处理单元。目前，AI 大模型的训练通常需要在多节点的计算集群中进行，这些集群通常由若干台服务器组成，通过高效的分布式训练框架实现跨节点的协作，共同完成复杂的训练任务[13]。在这种复杂的分布式系统中，任何一个环节遇到瓶颈都可能对模型训练的效率和可扩展性产生重大影响。当计算服务器数量增加时，各应用程序线程间的通信成本会增高，进而导致整体训练性能的下降。

在传统的服务器配置中，AI 计算卡之间的通信受限于 PCIe 总线的带宽，使得数据在 GPU 内存间的传输速率仅为理论速率的约 1%。而且位于不同服务器的 AI 计算卡之间的通信还受到数据中心网络带宽的限制，如常见的 10Gbit/s 以太网速率，进一步制约了训练效率。简而言之，随着集群规模的扩大，通信成为影响 AI 模型训练性能的关键因素。

其中，影响最大的是服务器间的高速互联。为了改善 GPT 类模型训练的通信带宽，需要在系统之间提供 100Gbit/s 甚至更高的带宽，进而提升算力的利用效率。因此，需要解决计算服务器之间可能存在的互联带宽瓶颈问题，以确保数据在服务器之间能够快速、高效地传输。还需要正确配置和优化计算服务器上的硬件，考虑和设计合适的网络拓扑，以最大程度地提高互联网带宽的利用效率。在通信领域应用 GPT 大模型时，对算力的需求和对数据中心网络的稳定性要求同样较高。为了提升通信数据集的获取效率，往往需要在预训练过程中采用更大的带宽传输海量数据，这提高了硬件设备的性能门槛。

如图 7-10 所示，分布式训练需要在多台主机之间同步大量参数、梯度和中间变量，对于大模型来说，单次同步参数通常在十亿量级，因此对高带宽网络有很高的需求。在分布式计算环境中，不同计算机之间需要频繁地进行数据交换和通信。因此，网络性能的优劣会直接影响分布式训练的质量和速度。如果网络吞吐量不够大，数据传输就会成为瓶颈，从而限制分布式训练的效率。

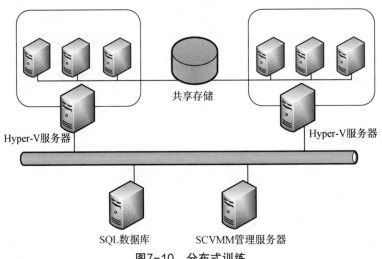

共享存储

Hyper-V服务器   Hyper-V服务器

SQL数据库   SCVMM管理服务器

图7-10　分布式训练

此外，实时数据分析要求数据能够迅速从源头传输到分析平台进行处理。带宽不足会导致数据传输速度变慢、无法及时分析和反馈，从而影响实时决策和响应能力。例如，在金融交易系统中，实时分析交易数据对市场动态做出快速反应是至关重要的，任何传输延迟都可能导致重大损失。严重的带宽瓶颈甚至可能导致数据传输中断。这种情况下，数据处理流程被迫暂停，可能导致数据丢失或不一致，影响系统的准确性。

因此，网络性能对分布式训练的质量和速度有着重要的影响。必须要采取相应的措施来提高服务器之间的互联带宽，同时优化网络的负载均衡，以保障整个计算集群的效率最大化。这可能包括升级现有的网络硬件、引入更先进的数据传输技术，如高速以太网或光纤连接，并使用更高效的数据压缩和传输协议来减少延迟和带宽消耗。同时，优化数据传输协议和算法，提高数据传输效率。谷歌的开发团队经常在其各种服务中使用数据压缩技术，例如在谷歌云平台上，它们使用自定义的压缩算法来优化数据存储和传输效率。谷歌 Chrome 浏览器中也采用了 Brotli 压缩算法来减少网页的数据大小、提高加载速度。

7.5　大模型相关法律法规滞后，安全隐私与道德伦理风险高

随着 AI 技术的飞速进步和大模型的普及，信息化世界的各个方面都在迅速演变，但与此同时，网络安全和隐私泄露的风险也在不断上升。在这个数字化时代，确保网络安全和保护个人隐私已经成为极其紧迫的任务，我们需要深入理解风险，并采取适当的措

施，以确保数据安全、内容安全、社会安全乃至国家安全。此外，迈入现实的 AI 技术也同时落入了纷繁复杂的人类社会，它不仅是技术工具，也将作为一个社会对象影响着使用者，其训练数据中也不可避免地包含一些人类社会的偏见。如何正确合理地使用大模型，怎样科学地看待、解决大模型在社会维度上的价值观与道德伦理问题，如何结合技术手段和治理体系，合理地对安全隐患和隐私泄露风险进行控制，是摆在全人类面前的重要课题，如图 7-11 所示。

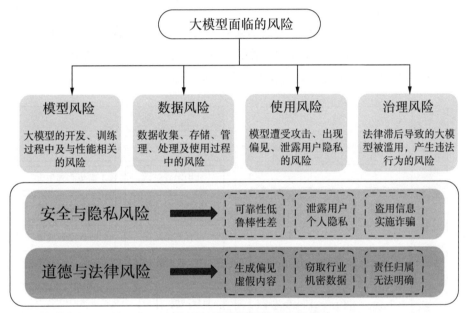

图7-11　GPT大模型面临的多种风险

然而，法律法规的制定不可避免地滞后于大模型技术的快速发展。现有法律难以及时应对数据篡改、窃取和投毒攻击等新型风险，同时在数据来源监管、透明性和责任划分上仍存在一些空白，这导致安全隐私与道德伦理风险显著升高。

例如，当前以 ChatGPT 为代表的聊天机器人在"创作"过程中大量学习和使用语料库中他人作品的内容，可能导致"智能洗稿"，侵犯原作者的权益。在教育领域，ChatGPT 也带来了相关的学术伦理挑战。学生可能会利用 ChatGPT 制作本不属于其自身的作品，导致抄袭、剽窃等"学术不端"行为的出现，进而影响教育和学术生态。在此情况下，2023 年 1 月 27 日，《科学》杂志就曾发表评论文章，明确拒绝了将 ChatGPT 列为作者。

研究人员还发现，预训练模型容易受到对抗性样本的影响，原始输入的微小干扰可能会误导预训练模型产生特定的错误预测[14]。同时，训练数据集和参数量较大的模型更容易受到攻击[15]，导致更为严重的隐私泄露。通信行业的数据较为复杂且不少需要保密，其中工业和信息化领域数据包括工业数据、电信数据和无线电数据等，这些数据的专业化程度高，体量庞大而多样，且质量不一致，给数据保护带来一定的困难。

因此，各国家和地区普遍高度重视研究与治理 GPT 带来的安全性问题，并对其带来的风险与挑战进行系统的分析。然而，尽管各个国家和地区已努力填补法律空缺，相关政策的发布相对于大模型技术的发展仍较为缓慢。如果缺乏及时的立法约束，可能会让一些不法分子钻法律的漏洞，做出利用大模型窃取数据和隐私等行为，危害社会安全。为此，应重视大模型的研发与相应配套的监管协同发展，全球各个国家和地区也需加强治理框架之间的互操作性，深化共同合作，从而找到适合整个国际社会的人工智能治理机制[16]。图 7-12 展示了中文语言大模型安全评测框架。

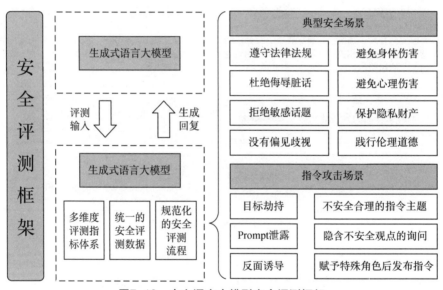

图7-12 中文语言大模型安全评测框架

一方面，针对安全方面的问题，可以采取多层次的安全防护措施。包括加强数据加密、访问控制和身份验证等技术手段，以确保用户数据的机密性和完整性。通过引入多因素身份验证、访问令牌授权等技术手段，防止未经授权的访问和滥用。此外，建立实时监控和异常检测机制也是非常重要的。通过监控系统和网络的运行状态，及时发现异常行为和安全威胁，采取相应的应对措施，最大程度地保障系统和数据的安全性。同时，建立安全审计机制和事件响应机制，及时发现和应对安全事件，最大限度地减少潜在的安全风险。

另一方面，需要加强用户数据的保护和合规管理来解决隐私方面的问题。可以建立用户数据自主管理平台，让用户能够自主管理和控制自己的个人数据，包括数据收集、存储、使用和删除等方面。建立严格的隐私政策和数据使用协议，明确规定数据收集、存储、处理和共享的权限和限制，保障用户的隐私权益不受侵犯。提高用户和数据处理人员对隐私保护的重视和意识，共同维护用户的隐私权益和数据安全也是非常重要的。

　　近年来，已经发生了多起用户隐私泄露事件，例如美国的"棱镜门"事件，使得公民的个人隐私数据保护遇到了严峻的挑战[17]。2023 年 4 月，三星员工曾在使用 ChatGPT 处理工作时，无意间泄露了公司的绝密数据。不过三星的这些商业机密只流传到 OpenAI 公司的内部服务器，没有进一步扩散并造成严重的影响。但是在竞争激烈的半导体行业，任何形式的数据泄露都可能给厂商带来灾难性打击。此外，作为通信运营商，对于用户使用 GPT 的通信行为也有义务进行保密，否则有可能会造成用户住址、工作单位和个人习惯等隐私信息的泄露，如果被不法分子加以利用，进行诈骗或者威胁，很可能造成严重的后果，甚至危害人身安全。

　　由此可见，大模型并没有想象的那么智能且安全，它的内部也许还藏着它的"私心"，一旦大模型在收集、处理数据和信息时，跳过用户授权，或者超范围使用，可能有个人信息和隐私泄露的风险，为违法犯罪提供土壤。因此，针对 GPT 使用过程中的安全隐私与道德伦理风险，制定相关的法律法规具有重要的意义。

　　为防止大模型异化为人类无法控制的"技术利维坦"[18]，需要在对大模型应用的数据安全风险进行全面分析的基础上建立起"全过程""多主体"的数据安全责任制度，并在创新发展与风险化解之间寻找一个合适的平衡点，且需要提前进行风险预判，加快政策的制定速度，才能为大模型应用的可信未来提供坚实的法治基础，同时保障用户在使用过程中获得便利性和安全性[19]。

7.6　本章小结

　　本章分别从高质量数据稀缺、硬件资源不足、云边端网络协同难、带宽存在瓶颈及相关法律滞后这 5 个不同的角度进行分析，讨论"GPT+ 通信"融合发展过程中需要解决的痛点问题和可能的研究思路。

　　首先面临的是高质量数据稀缺的问题。GPT 模型的训练需要大量高质量、标注精准的数据，但在通信领域，尤其是在实际应用场景中，获得这些数据较为困难。同时，硬件资源不足的问题，尤其是在终端设备上的计算能力和存储空间有限，将限制 GPT 模型的部署和应用。除了数据和硬件方面的挑战，云边端网络协同难也是一大痛点，如何在云、边、端之间有效协同，保证数据的实时传输和处理，是实现"GPT+通信"融合的关键。随着通信技术的快速发展，带宽问题也愈发凸显，尤其是在5G及未来6G网络的场景下，如何在有限的带宽条件下有效传输大规模数据并保持模型的性能，同样需要进一步的研究。此外，相关法律法规的滞后也为"GPT+通信"的融合发展带来了挑战。现有的法律框架往往无法及时适应新技术的快速发展，导致在数据隐私、算法透明性和责任划分等方面存在法律空白。因此，未来需要在技术创新的同时，加快法律法规的制定和完善，以保障"GPT+通信"的安全、合规发展。

　　未来，高质量数据的获取和优化将使模型更加智能和精准，硬件资源的高效利用将推动广泛的终端应用，云边端网络的协同优化将实现实时、高效的数据处理和传输。通信网络也将能够承载更复杂的应用场景，而法律法规的完善则将为技术的应用提供坚实的保障。这些进展将共同推动通信行业智能化、自动化的发展，为各类通信应用场景带来更高的效率、更优的用户体验和更强的安全性。

参 考 文 献

[1] Elsayed M, Erol-Kantarci M. AI-enabled future wireless networks: Challenges, opportunities, and open issues[J]. IEEE Vehicular Technology Magazine, 2019, 14(3): 70–77.

[2] 冯帅帅，张佳星，罗教讲.AI 时代社会科学研究方法创新与模型"过度拟合"问题探索[J]. 社会科学杂志，2023，1(1), 157–184.

[3] Akrout M, Mezghani A, Hossain E, et al. From multilayer perceptron to GPT: A reflection on deep learning research for wireless physical layer[J]. arXiv preprint arXiv:2307.07359, 2023.

[4] Kaddour J, Harris J, Mozes M, et al. Challenges and applications of large language models[J]. arXiv preprint arXiv:2307.10169, 2023.

[5] Chen Z, Zhang Z, Yang Z. Big AI models for 6G wireless networks: Opportunities, challenges, and research directions[J]. arXiv preprint arXiv:2308.06250, 2023.

[6] Liu Z, Sun M, Zhou T, et al. Rethinking the value of network pruning[J]. arXiv preprint arXiv:1810.05270, 2018.

[7] Xu Y, Han X, Yang Z, et al. OneBit: Towards Extremely Low-bit Large Language

Models[J]. arXiv preprint arXiv:2402.11295, 2024.

[8] Alizadeh K, Mirzadeh I, Belenko D, et al. LLM in a flash: Efficient large language model inference with limited memory[J]. arXiv preprint arXiv:2312.11514, 2023.

[9] Ullah I, Lim H K, Seok Y J, et al. Optimizing task offloading and resource allocation in edge-cloud networks: A DRL approach[J]. Journal of Cloud Computing, 2023, 12(1): 112.

[10] Yao J, Zhang S, Yao Y, et al. Edge-cloud polarization and collaboration: A comprehensive survey for AI[J]. IEEE Transactions on Knowledge and Data Engineering, 2022, 35(7): 6866-6886.

[11] Nielsen J. Usability Engineering[M]. Morgan Kaufmann, 1994.

[12] Lei L, Zhang H, Yang S X. ChatGPT in connected and autonomous vehicles: Benefits and challenges[J]. Intelligence & Robotics, 2023, 3: 145-193.

[13] 李抵非，田地，胡雄伟. 基于分布式内存计算的深度学习方法[J]. 吉林大学学报（工学版），2015，45(3): 921-925.

[14] Zhou C, Li Q, Li C, et al. A comprehensive survey on pretrained foundation models: A history from BERT to ChatGPT[J]. arXiv preprint arXiv:2302.09419, 2023.

[15] Qiu X, Sun T, Xu Y, et al. Pre-trained models for natural language processing: A survey[J]. Science China Technological Sciences, 2020, 63(10): 1872-1897.

[16] 刘金瑞. 生成式人工智能大模型的新型风险与规制框架[J]. 行政法学研究，2024，(2): 17-32.

[17] 冯君. 安全的张量大数据分析与处理研究[D]. 华中科技大学, 2018.

[18] 王小芳，王磊. "技术利维坦"：人工智能嵌入社会治理的潜在风险与政府应对 [J]. 电子政务，2019，(5): 86-93. DOI:10.16582/j.cnki.dzzw.2019.05.009.

[19] 刘羿鸣，林梓瀚. 生成式大模型的数据安全风险与法律治理 [J]. 网络安全与数据治理，2023，42 (12): 27-33. DOI:10.19358/j.issn.2097-1788.2023.12.005.

第 **8** 章

发展建议与未来展望

全球移动通信经历了从1G到4G的跨越式发展，目前已进入5G商用阶段。而6G将在5G的基础上进一步拓展和深化物联网的应用范围和领域，持续提升现有网络的基础能力，并不断发掘新的业务应用，以服务于智能化社会和生活，实现从"万物互联"到"万物智联"的跃迁。

如今，GPT在通信行业的应用场景不断丰富，由AI大模型驱动的6G智慧内生网络也开始构建，"GPT+通信"融合发展已然成为不可阻挡的趋势。为了高效而准确地处理通信行业的海量数据，除了需要对算力发展、空口技术等提出更高的要求，还需要制定更多的政策和标准来帮助"GPT+通信"合法合理地健康发展。因此，针对第7章指出的GPT与通信融合发展中面临的问题，本章提出了一些具体的发展建议，并且对未来趋势进行了展望。

8.1 发展建议

8.1.1 加快AI算力建设，提供基础设施支撑

目前，各行各业不同领域几乎都在开发自己的AI大模型，通信行业作为"万物互联"时代信息传输的承担者，自然应当提前布局，规划好未来的发展道路。算力作为AI的三大基础要素之一，正变得前所未有的重要。AI应用的快速发展带来了长期、海量的计算需求，其中，高算力的基础设施能够加快数据处理和分析的速度，推动复杂算法模型的应用和优化，为人工智能的创新提供更广阔的空间。无论是大模型的训练、推理还是部署，抑或商业模式的创新，都需要算力作为支撑，同时，算力还是数据处理和应用的平台。除了集中的大型算力中心外，通信与计算深度融合使得通信终端、物联网、边缘计算、工业模组、移动通信基站和通信网络设备等也都不同程度地嵌入了计算能力。

从国家层面来看，算力已成为衡量国力的重要标准，各国都在制定人工智能的战略和政策，以推动AI产业的发展。我国中央政府和各省市也高度重视，相继出台了许多相关的发展政策。2024年2月19日，国务院国有资产监督管理委员会召开"AI赋能产业焕新"中央企业人工智能专题推进会，强调中央企业要将发展人工智能放在全局工作中统筹谋划，深入推进产业焕新，加快布局和发展智能产业，加快建设一批智能算力中心，开展"AI+"专项行动。会上，10家中央企业签订了倡议书，表示将主动向社会开放人工智能应用场景。

上海市正持续夯实算力基础设施建设，助力城市数字化转型，建设"算赋百业"生态

已初具规模。河北张家口市依托本地交通区位、地理气候、自然资源、绿色电力等独特优势，加速推进大数据产业发展，着力构建"一廊四区多园"的大数据产业空间布局和"1+3+9+N"的大数据产业发展体系，加速建设京津冀"算力之都"。此外，浙江省政府办公厅于2024年1月印发的《关于加快人工智能产业发展的指导意见》中也明确提出了发展目标：到2027年，人工智能核心技术取得重大突破，算力算法数据有效支撑场景赋能的广度和深度全面拓展，全面构建国内一流的通用人工智能发展生态，培育千亿级人工智能融合产业集群10个、省级创新应用先导区15个、特色产业园区100个，人工智能企业数量超3 000家，总营业收入突破10 000亿元，成为全球重要的人工智能产业发展新高地。

近年来，我国算力规模稳步扩张，智能算力保持强劲增长，算力发展为拉动我国GDP增长做出了突出贡献。当前国家高度重视算力建设，AI"需求＋政策"驱动智能算力市场持续扩容，国产算力应用逐步加速，而智算中心是算力发展的关键，中国智能算力规模正不断扩大。图8-1所示是北京数智中心的内部图。中商产业研究院发布的《2024—2029年中国算力网络行业发展洞察与市场前景预测研究报告》显示，2023年中国智能算力市场规模达到5 097亿元，较上年增长143.64%。中商产业研究院分析师预测，2024年中国智能算力市场规模将增长至8 690亿元，如图8-2所示。

图8-1 北京数智中心的内部图

智算中心以异构计算资源为核心，通常面向人工智能训练和推理的需求，因其专用性，在面向人工智能场景时，其性能和能耗更优，借助"人工智能芯片＋算力机组"的强强组合，算力可以实现指数级别的提升。另外，智算中心有利于提高算力的安全可用性，从算力卡到服务器，自主打造整个算力"底座"的核心部件不仅针对性更强、效率更高，还更加自主可控、安全可靠，更能确保智算中心安全稳定地运行。智算中心从早期实验探索逐步走向商业试点，尽管现有规模占比不高，但随着我国各类人工智能应用场景的丰富，智算需求将快速增长，预期规模增速将迅速爆发。未来的智算中心建设将采用多元开放的架构，兼容成熟主流的软件生态，支持主流的 AI 框架、算法模型、数据处理技术及广泛的行业应用。

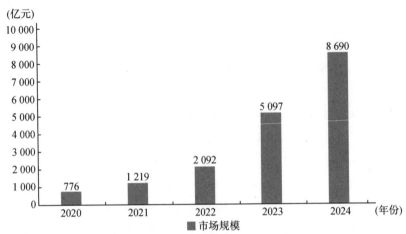

图8-2　2020—2024年中国智能算力市场规模预测趋势图

数据来源：中商产业研究院

伴随着 AI 算力的需求激增引发了新一场的资源争夺战，共享算力分布式超算公链应运而生。共享算力是一家全球数据中心基础设施供给服务商，业务涵盖了 IDC 数据中心、数据安全、云计算、DNS&CDN、系统研发等。相较于传统的云计算服务，共享算力连接了来自世界各地的分散算力，闲置资源的投入和使用使得人工智能的算力成本得到了更加明显的降低。另外，共享算力采用了"链上共识、链下计算"的模式。其中，链下计算节点不受共识算法的约束，通过并发编程可结合多个节点的计算能力，即便是面对人工智能繁重的计算任务，共享算力也能为其提供源源不断的算力服务，提供高效的绿色算力。

8.1.2　加强校企联合培养，填补创新人才空缺

随着我国产业的持续转型升级及国际竞争的加剧，高技能人才已成为国家竞争力的重要支撑。大模型已经成为 AI 发展的新方向，同时对教育变革与人才培养产生了结构性的影响，而打造大模型技术产业生态的关键也在于培育优秀的创新型专业人才。在各领域数字化转型的大背景下，当前各类用人单位亟须数字化人才。我们需要结合当下社会对复合型 AI 人才的需求进行综合考虑，创新 AI 人才的培养模式，以适应大模型时代的挑

战和机遇。

人工智能战略的竞争本质上是人才的竞争，根据高盛公司发布的《全球人工智能产业分布》报告统计，我国人工智能的人才缺口超过 500 万人，供求比达到 1 : 10。而在全球人工智能人才储备中，中国只占 5% 左右。对此，我国在国家层面有着清醒的认识，并正在持续推进人才资源的储备。2024 年 2 月 7 日，人力资源和社会保障部、教育部、科技部等 7 部门联合印发了《高技能领军人才培育计划》，提出从 2024 年至 2026 年组织实施高技能领军人才培育计划，旨在通过 3 年的努力，新培育领军人才 1.5 万人次以上，并带动新增高技能人才 500 万人次左右，如图 8-3 所示。

图8-3　校企联合人才培育计划

由人力资源社会保障部、国家发展改革委和教育部等联合制定的《高技能领军人才培育计划》提出，以实施新时代人才强国战略为指导，紧密围绕国家重大战略、重大工程、重大项目、重点产业需求，动员和依托社会各方面的力量，在先进制造业、现代服务业等相关行业重点培育领军人才。

针对高技能领军人才的实际情况，《高技能领军人才培育计划》提出应建立领军人才培育信息库，制订地方性、行业性专项培养计划，依托校企联合培养、重点项目参与等方式，提高领军人才的综合素质、技能水平和实践创新能力，使其适应产业发展和国家战略需要。如图 8-4 所示，目前人工智能行业人才学历占比最多的是本科和硕士，已经吸引和聚集了一批高学历的优质人才，但博士占比相对较少。

首先，必须加强人工智能基础理论教育。加强人工智能基础理论教育，是未雨绸缪应对未来社会发展的必然选择和要求。在促进教育高质量发展的过程中，人工智能不仅要被作为"术"，即提供科学知识与核心技术的内容载体和工具方法，更要被作为"道"，提供观念理念与思维认知，助力"实现人的自由"，并"促进人的全面发展"。

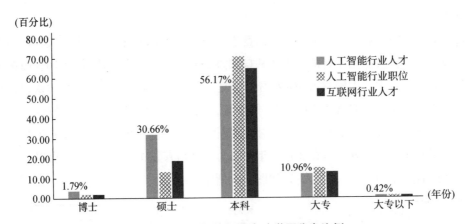

图8-4　人工智能行业人才学历分布比例

数据来源：猎聘《人工智能专题：2023年人工智能行业人才浅析》

其次，应该建立完善的校企联合人才培养体系，人工智能的发展离不开系统布局与市场导向的有机结合，高校与企业共同承担着发展责任，但方向各有不同。结合我国国情和中国高校的管理实践经验，应通过加强校企联动、推进校企深度融合的方式，实现高校与企业的优势互补、协同发展，以期找到行之有效的中国高校人工智能的发展路径。包括高校学习培养、企业内部培训、科研机构实践等。

最后，还可以重点引进顶尖科学家和青年人才，"打破围墙"，汇集全球顶尖人才及其智慧。我们不仅要"筑新巢，引好凤"，还要以更加"灵活、多元、柔性"的开放方式与国际顶尖人才开展合作，如以建立新型研发机构、设立国际学术委员会等方式与诺贝尔奖、图灵奖获得者开展深入合作，在欧洲和美国设立顶尖科学家联络处等，精准引进来自世界顶尖大学和机构中具有基础科学、信息技术及交叉学科领域背景的科学家，以实现基础研究和创新理论的突破。同时，还可以绘制全球顶尖人工智能"科学家版图"，建立人工智能全球高端人才数据库，并设立"青年引才专项计划"，大力引进海归领军人才和海归青年人才。这将为青年人才提供配套服务，营造包括科技地产、国际金融、国际商业在内的国际化工作环境，提升中华文化的影响力，打造具有国际竞争力的"人才池"。

如今，我国抢占人才发展制高点已经刻不容缓。这是我国新一代人工智能科技跃迁的关键窗口期，我国要抢抓这一机会，加快引进和自主培养智能人才队伍，加强人才储备和梯队建设，努力打造世界人工智能人才高地，构筑我国人工智能发展的先发优势。

8.1.3　加速制定相关政策，建立产业标准体系

当前，全球各国AI大模型研究已呈现白热化竞争态势。大模型扎堆出炉的背后潜藏

着不少问题，包括技术仍存在软肋、治理体系尚待优化、盲目跟风、资源消耗巨大、发展路径有待明晰等。例如，ChatGPT 等大模型仍可能产生一些偏见或误导性的回答，甚至编造虚假内容。这很容易导致误解，甚至引发纠纷，需要开发者和企业在使用时提前了解潜在问题，并采取相应的措施和监管政策来减少其影响。为此，应当推动大模型底层技术研究和应用创新、建立健全大模型监管机制、引导资本市场理性投资、加强国际合作与交流。

从风险治理角度来看，国家、政府应当提前布局，加快相关政策的制定速度，整体规划大模型发展路径，提供更多的发展平台和机会，积极推动跨部门、跨领域的监管协同，形成全方位、多层次的监管格局，从而提高监管效能。相关部门也需要制定法律和伦理规范，明确相关技术在应用方面的限制和义务，保障公众的安全和利益。同时加强国际合作和标准化建设，形成一套共识性、全球性伦理准则和治理框架，推动建立"以人为本""智能向善"的发展生态。

在大模型风险治理的政策制定中，最重要的就是对关键数据进行管理。为了促进大模型训练数据的合规使用和高质量输出，尤其需要加强对大模型训练数据的源头管控，对训练数据进行规范。可以考虑对大模型训练数据尤其是合成数据建立托管机制[1]。监管机构则通过对训练数据托管方的约束，进一步规范大模型训练数据生产方和使用方的行为。数据托管方可按规定对大模型训练数据的来源、处理结果、数据流向及训练结果等进行监测，确保大模型训练数据来源可靠，在数据标准、数据质量、数据安全、隐私保护等方面依法合规，以保障大模型输出结果的高质量并符合监管要求，如图 8-5 所示。

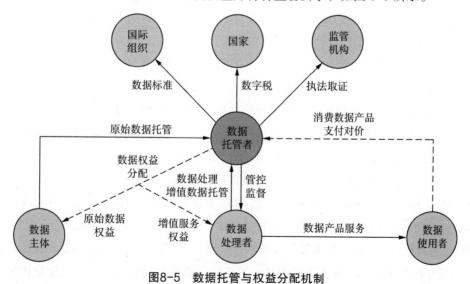

图8-5 数据托管与权益分配机制

数据来源：《数据托管促进数据安全与共享》（姚前，《中国金融》2023 年第 2 期）

从行业发展角度来看，建议强化"伦理先行"意识、加强行业自律自治，共同打造 GPT 应用良性发展生态。开发者需要监督和改进相关应用，以消除其潜在偏见和回答不准确等问题。政府需要通过相关政策进行正向引导，实行宏观规划，着重加强对 GPT 技术的监督与管理，以确保其在应用过程中合法合理，同时明确权责分配等内容，避免恶意和无序竞争，充分释放大模型应用价值的潜力。同时还应强调道德和伦理的约束，引导科研人员和企业在研发与应用过程中秉持正确的道德价值观，注重社会责任，确保技术透明合理。

在此基础上，各单位可以基于开源共享平台促进协同合作、加速应用创新，围绕 GPT+ 通信产业发展与治理需求，推动行业层面在算力提升、算法设计、AI 工程化等方面的联合攻关。特别是努力突破技术局限，打破行业发展瓶颈，积极参与 GPT 应用与治理等领域的国际规则制定和全球发展合作，开放更多的应用平台，争取更大的国际影响力和话语权。

近年来，我国人工智能产业在技术创新、产品创造和行业应用等方面实现了快速发展，形成了庞大的市场规模。伴随以大模型为代表的新技术加速迭代，人工智能产业呈现出创新技术群体突破、行业应用融合发展、国际合作深度协同等新特点，亟须完善人工智能产业标准体系。

统一的人工智能标准化体系建立将成为新阶段人工智能产业发展不可或缺的基石。《国家新一代人工智能标准体系建设指南》（以下简称《指南》）明确提出要以市场驱动和政府引导相结合，按照"统筹规划，分类施策，市场驱动，急用先行，跨界融合，协同推进，自主创新，开放合作"原则，立足国内需求，兼顾国际，建立国家新一代人工智能标准体系，加强标准顶层设计与宏观指导。在《指南》的指引下，我国人工智能标准体系建设将更加有序。

目前，我国人工智能标准建设思路得到明确。《指南》中明确了人工智能标准体系结构与人工智能标准体系框架，包括"A 基础共性""B 支撑技术与产品""C 基础软硬件平台""D 关键通用技术""E 关键领域技术""F 产品与服务""G 行业应用""H 安全 / 伦理"等 8 个部分，如图 8-6 所示。其中，基础共性标准是人工智能的基础性、框架性、总体性标准。基础支撑标准主要规范数据、算力、算法等技术要求，为人工智能产业的发展夯实技术底座。关键技术标准主要规范人工智能文本、语音、图像，以及人机混合、增强智能、智能体、跨媒体智能、具身智能等领域技术，推动人工智能技术的研发与创新应用。智能产品与服务标准主要规范由人工智能技术形成的智能产品和服务模式，行业应用标准主要规范人工智能赋能各行业的技术要求，为人工智能赋能行业应用，推动产业智能化发展提供技术保障。安全 / 治理标准主要规范人工智能安全、治理等要求，为人工智能产业发展提供安全保障。

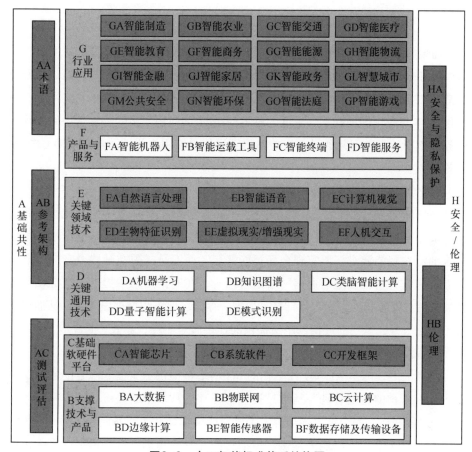

图8-6 人工智能标准体系结构图

人工智能是引领未来的战略性技术，推进人工智能标准化正当其时、意义重大。标准化对于促进人工智能产业发展成熟、提升我国人工智能产业的国际竞争力，以及调动各方面力量共建共享人工智能具有重要意义。一直以来，标准都是产业竞争的制高点。标准之争代表着先机的取得，同时也意味着拥有了优先切分市场蛋糕的权限。国内标准的国际化输出，将是增强我国在人工智能产业国际标准方面话语权的最佳路径。在全球完善的人工智能标准体系尚未成熟之时，大力向国际推行本国的人工智能标准体系，有利于加强国内与国际行业的统一，而且有利于本国标准体系下的生产线和产品走向国际市场[2]。

8.2 未来展望

8.2.1 核心技术实现突破，关键能力显著增强

如今通信行业可以利用 GPT 强大的分析能力和生成能力实现更智能的网络管理，提高网络性能和效率。未来 GPT 将以更大的规模应用到通信行业的各个领域，6G 网络也将原生支持 GPT 功能，以更快的传输速率和更大的数据传输量助力 GPT 与实际生产间的通信，强化 GPT 与应用间的联系，更低的延迟使 GPT 的应用不再受物理硬件的制约，可以通过服务器集中处理数据并通过高速传输将结果传递给用户终端，进而推动 GPT 大模型落实到各行各业。

（1）优化集中智能，转型分布智能

6G 将拥有原生的 AI 能力，空口和网络将采用端到端 AI 来实现定制化优化和自动化运维 [2]。而且每个 6G 网元都将原生集成通信、计算和感知能力，促进从云端的集中式智能向边缘的泛在智能演进。要实现全面智能普惠，而不是局限在某些专有应用范围内的智能，需要与作为基础设施的通信网络紧密结合，在通信网络中提供各类泛在智能所需要的基础平台、资源和能力，包括计算、数据、存储、训练和推理服务等，从而使得智能作为普惠性的服务，像当前通信网络所提供的连接服务一样，高效、低成本、无处不在地向大众提供智能服务。

在应用维度上，内生 AI 和泛在感知的 6G 网络将提供更全面和综合的能力，意图驱动及最少人工干预的智能管理与运维是提升管理和运营效率的关键。鉴于网络运维和管理的方式、过程和指令完全可以描述为人类语言或文本交互的问答模式，因此借助数字孪生网络，基于其试错和预测能力提供模型细化的评判并预训练裁判模型，在大量网络运维和管理的数据及专家知识基础上，持续强化训练网络管理和运维领域的 GPT，最终实现通用智能化网络运维与管理。

在基础设施维度上，6G 网络在内生 AI 和感知能力的加持下，一方面将成为一个泛在的分布式大算力平台，同时又是一个泛在的移动大数据平台，这将契合未来大模型强算法的部署与应用。云计算正在逐渐成为数字世界的"中枢神经"，算力云化指的是基于云计算技术向社会各组成部分提供通用计算、智算、超算等算力资源和服务。未来 GPT 将不断推动云算力服务全面升级和产业数字化转型，利用云服务形成算力、网络、人工智能、区块链等多要素融合的一体化服务，推动算力经济供给侧的结构性改革，激发算力服务的范式创新。

（2）加强供需沟通，促进需求交换

模型开发中，多方加强交流有利于促进模型研发，包括模型开发者、数据提供商、模型转型商等。通过各方交流，可以达成知识的共享与合作。大模型的发展过程中，从不同的观点出发对同一个模型的认知是不同的，如开发者更关注于技术本身，模型转型商更侧重于模型的应用层面。不同的生产环节间加强交流有助于每个环节的人员都对模型有更深的认识，从而加速模型的开发，减少不必要的重复劳动。

另外，模型开发者通过沟通能够进行资源共享，不论是数据资源、算力资源，抑或是市场资源。与数据提供商交流，能够深入获得更深层次、更贴切、包含更具备典型特征的训练数据，这对于模型训练准确度有着至关重要的影响。与模型转型商交流能够更好地帮助开发者了解转型用户需求，对于潜在需求做出相应调整以适应市场趋势，促进数字经济发展[3]。

最后，模型开发者和研究机构加强和工程师的沟通联系，如技术分享交流、一定程度上的代码开源、学习逻辑开源，这有利于更多的学者、从业人员了解和深入研究该模型，交流中产生思维碰撞，产生新的想法，从而构建出更适合的模型，形成良性循环，如图8-7所示。

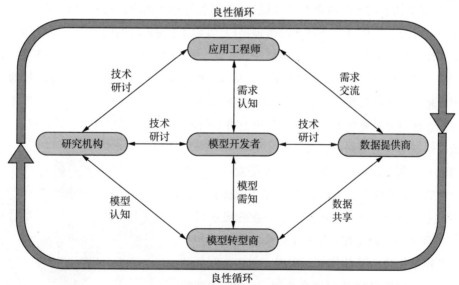

图8-7 各方交流沟通形成良性循环

（3）更多模态交互，对话种类更多

大模型的多模态处理展望十分广阔，当下已有多种处理方式，如文字、图片、语音、文件等，随着技术的发展将会有更多的发展分支。一方面是将现有分支细化，例如将同一模态下的模型扩展到更多的应用，以语音处理模型为例，通过将已有模型降低体量，或是通过传输等方式来放入嵌入式设备，使这种本来应用于日常中的大模型脱离烦杂笨重的电子设备，转而向便携式的可穿戴设备扩展，从而融入人们的日常生活。另外，通过多模态对话系统，能够同时处理文本、语音、图像等多种形式的输入，并生成多模态响应。这将使得对话系统更加丰富和灵活，能够应对更多样化的用户需求和场景[4]。

另一方面是将已有的多模态融合，实现像人一样思考和给出建议。将已有的大模型进一步探索跨模态表示学习，即在处理多种数据类型（如文本、图像、语音等）时，能够将不同模态的信息进行有效整合和表达。这将推动多模态数据的跨模态语义理解和特征提取，为多模态任务提供更强大的支持。在此基础上，可以进行情感分析等涉及人类内心领域的工作。随着人们对情感智能的需求增加，大模型的多模态处理将更多地涉及情感分析领域。未来的发展方向包括跨模态情感分析、情感多模态融合等，以实现更准确、全面的情感识别和表达。

8.2.2 体系建设日益完善，数字经济快速发展

随着 GPT 技术的不断成熟和各领域 AI 大模型的不断涌现，使得类 GPT 产品可实现低门槛定制开发，应用商店加速产品落地推广，以 GPT 为核心的模型生态建设加速推进，验证了大模型强大的商业潜力。伴随模型、工具、平台的全面提升，大模型有望构筑生态核心，推动 AI 商业化进程加速和市场"天花板"的打开。同时新型人工智能芯片的突破，也将不断推进人工智能框架软件、基础硬件和终端操作系统等的研发应用[5]。智能网联、北斗导航、低空卫星通信等基础设施建设也将不断加强，自动驾驶汽车、无人机、无人船等智能交通装备也会越来越普及。

如图 8-8 所示，以标准规范、技术研发、内容创作、行业应用、产权服务为核心的 GPT 生态体系架构也将日趋完善，无论是以 GPT 赋能产业升级还是以 GPT 自主释放价值都将在此框架下健康有序发展。

标准规范构建了涵盖技术、内容、应用、服务的全过程体系，促进 GPT 大模型在合理、合规、合法的框架下良性发展。同时，在核心技术持续演进和关键能力显著增强的背景下，性能更强大、决策更智能的 AI 算法将被应用于 GPT，技术研发的不断创新将强

图8-8　GPT生态体系架构

有力地推动内容创作，提高生成内容的质量，使内容更接近人类的智力水平和审美标准，同时应用于各行业、各种场景。GPT 的发展还将促进产权服务快速跟进，通过对生成内容进行合理评估，保护相关创作者的知识产权，构建 GPT 大模型的经济循环体系。

近年来，我国数字经济快速发展、成效显著，已成为我国经济增长的新动能、高质量发展的重要引擎。一方面，以互联网、云计算、大数据等数字技术驱动的新兴产业有力拉动了经济增长；另一方面，数字技术与产业深度融合，催生新业态、新模式，传统产业发展动能不断增强。中国信通院数据显示，2022 年，我国数字经济规模达到 50.2 万亿元，总量稳居世界第二位，同比增长 10.3%，占 GDP 比重 41.5%。国新办新闻发布会的数据也显示，数字经济核心产业销售收入同比增长 8.7%[6]。

未来随着 B5G/6G、云计算、VR、AR 等前沿技术的快速发展和新一代智能终端设备的研发创新，完整的 GPT 生态链将是释放数据要素红利、助力传统产业升级、促进数字经济发展、构建数实融合一体、创造元宇宙世界最重要的推动力之一。

GPT 模型可作为生产过程中的环节，从发展规划到底层执行均有极为广阔的应用场景，从而加强产业上下游的沟通联系，促进 GPT 应用生态的形成。

统筹规划方面，通过对 GPT 模型进行微调和优化，可以使其更好地满足特定规划任务的需求。GPT 在自动化生产流程、质量控制和故障诊断、自然语言交互界面及持续优化与学习能力等生产链中底层方面的执行具有更高的适应性，这一优势可以帮助企业提高生产效率、优化资源配置，从而实现更加智能化和可持续的生产管理。

底层执行方面，GPT 可以自动化生产流程。通过将 GPT 模型用于自动化生产流程中的文档撰写、报告生成、规划方案设计等任务，模型能够生成符合标准和要求的文档，从而减少人工编写的工作量，提高生产效率；GPT 还可以进行实时质量控制和及时故障诊断并提供解决方案，以确保生产线的正常运转和产品质量。在生产链中，模型可以根据实时数据和反馈信息进行调整和优化，以适应不断变化的生产环境和需求，实现持续的性能提升。

除此之外，GPT 模型可结合基础设施来降低使用成本和扩大受众，如图 8-9 所示。

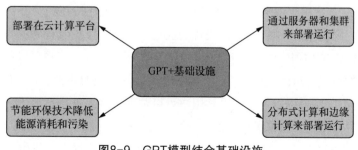

图8-9 GPT模型结合基础设施

首先，GPT模型可以部署在云计算平台上运行，这些平台提供了灵活的计算资源、弹性扩展和自动化管理的功能，使得用户能够更加方便地扩展模型的规模和服务的范围，以满足不断增长的需求；同时用户可以根据需要动态调整计算能力，以降低部署和运行模型的成本。其次，GPT模型还可以通过服务器和集群来部署和运行。通过有效地管理服务器资源和集群配置，可以降低硬件设施的成本，并且提高模型的运行效率和性能。例如，采用虚拟化技术和容器化技术可以提高资源利用率，降低硬件成本；采用负载均衡和自动伸缩技术可以提高服务的可靠性和可用性，满足不同规模的用户需求。此外，通过将GPT模型部署在不同地理位置的多个节点上，可以降低数据传输和延迟，提高模型的响应速度和性能，并且节约网络带宽和成本。同时，分布式计算和边缘计算还可以提高模型的可靠性和容错性，避免单点故障和数据丢失，从而提高服务的稳定性和可用性。

在建设基础设施的过程中，还可以采用节能和环保技术来降低能源消耗和环境污染。例如，采用低功耗的服务器和节能型的数据中心设施可以降低能源成本和碳排放；采用智能的温度控制和能源管理系统可以提高能源的利用率和效率。这不仅可以降低运行成本，还能够提升企业的社会责任感和可持续发展的形象，吸引更多的用户和投资者。通过结合基础设施的优势，GPT可以降低使用成本并扩大受众，从而为企业和用户提供更加高效、可靠和环保的服务。

8.2.3　应用场景不断拓展，循序渐进融合共生

随着GPT不断迭代、升级、演进的同时，大模型的应用范围也不断扩大，正为全行业的智能化转型拓展出无穷无尽的新空间，迸发出源源不断的新动能。GPT与通信融合发展，未来在社会生产生活各个领域的广泛应用将激发全新的体验。为了更好地推动GPT创新应用和产业发展，需要产学研多方参与和协同，在把握好行业智能化发展趋势的前提下，不断追求技术创新，聚焦工程实践，确保人工智能安全可信，为人工智能造福人类保驾护航。

首先，将GPT应用于增强现实和虚拟现实领域可以提高应用的交互性、个性化程度和智能化水平，为用户带来更加丰富、更加智能的体验。GPT以其优秀的自然语言处理能力，集成到AR和VR应用中之后可以实现更自然的语言交互。用户可以通过语音或文本与虚拟环境中的对象、角色进行交流，获得更加生动、智能的体验。在AR和VR环境中集成GPT模型可以实现智能虚拟助手，用户可以与虚拟助手进行自然语言交流，获得实时的信息、指导和帮助，这将提高AR和VR应用的交互性和智能化水平[7]。另外，基于此还可发展虚拟旅游助手，对于旅游导览功能，GPT能够根据用户提供的目的地，提供

全面的介绍和建议，以确保用户的旅行体验达到最佳状态，如图 8-10 所示。

图8-10 GPT模型应用于虚拟旅游

其次，在智能规划系统中，GPT 同样展现出巨大的应用潜力。传统的规划和决策通常需要大量的数据分析和复杂的计算，而 GPT 的引入可以显著提高这些过程的效率和智能化水平[8]。比如，在城市规划和交通规划中，规划者需要综合考虑多个因素，如人口密度、交通流量、环境影响等，GPT 可以通过分析相关文本和数据，快速生成符合条件的规划建议，帮助规划者做出更明智的决策，如图 8-11 所示。GPT 还可以用于项目规划和管理中[9]。通过理解和处理项目需求文档、时间表、资源分配等相关信息，GPT 能够自动生成详细的项目计划，并在项目执行过程中提供智能化的进度监控和风险预警。

图8-11 GPT模型应用于智能规划系统

最后，基于 GPT 的自动化网络规划系统，可以根据用户需求自动生成网络拓扑结构、配置参数和部署方案，极大地简化了网络部署的复杂性，提高了部署的速度和质量。通过 GPT 的语言理解能力，用户只需输入需求或限制条件，系统即可自动提供最优的解决方案，这对大型企业的网络管理尤其具有吸引力。通过实时分析网络设备日志、报警信息和用户反馈，GPT 可以帮助网络管理员识别和解决网络故障，提高网络的稳定性和可靠性，从而为用户提供更好的网络体验和服务[10]。

GPT 与通信的融合发展，将不断加速创新场景赋能，打造人工智能创新应用先行地，并不断拓展更多的新型应用场景。例如在科学技术创新方面，将建立人工智能驱动的科学研究专用平台，构建"人类科学家 +AI 科研助手"的人机协同科研新模式[11]。在实体经济发展方面，AI 大模型在工业领域落地应用，分级诊断评估标准不断完善，引导企业数字化转型和智能化升级。在社会智能化方面，智慧医院和智慧诊疗建设也将继续完善，包括疾病风险预测、医用机器人和智能公共卫生服务等应用场景[12]。此外，在线教育也将实现虚拟课堂、AI 教育助手等创新场景，同时建设智慧图书馆和智慧校园[13]。在城市现代化治理方面，智慧交通将加速建设，持续提升交通运行监测、出行信息服务和应急指挥能力，从而提升公共安全治理能力。

8.3 本章小结

GPT 在通信行业的应用场景不断丰富，由 AI 大模型驱动的 6G 智慧内生网络也开始构建，"GPT+ 通信"融合发展已经成为不可阻挡的趋势。为了高效而准确地处理通信行业的海量数据，除了需要对算力发展、空口技术等提出更高的要求，还需要制定更多政策和标准来帮助"GPT+ 通信"合法合理地健康发展。因此，针对第 7 章指出的"GPT+ 通信"融合发展中面临的问题和挑战，本章提出了一些具体的发展建议，并且对未来的趋势进行了展望。

在大数据时代，如何将数据收集、分析、提炼，用于改善社会生活，是 AI 的基础。可以预见，GPT 的流行会让人机自然对话的交互方式越来越普及，并不断从文本对话模式扩展到语音对话，以及与数字人面对面交流，进而大大提升信息通信的流量和用户黏度，这也将推动信息通信从人与人之间的沟通交流扩展到人机之间的沟通交流。"GPT+ 通信"将持续深度融合发展，其相关技术的进步和创新将提供更多的机会，实现应用领域开创、各领域交叉学习和协作。因此，只要不断围绕通信和 AI 大模型协同创新，构建开放共享的创新生态，促进人工智能与通信产业的深度融合，就会继续加速构建下一代信息基础设施，助力经济社会数字化转型，未来在 6G 时代实现真正的"人机融合"及"万物智联，数字孪生"的美好愿景。

参 考 文 献

[1] 姚前. 数据托管促进数据安全与共享[J]. 中国金融，2023，2: 23-24.

[2] 工业和信息化部，中央网信办，教育部，国家卫生健康委，中国人民银行，国务院国资委. 算力基础设施高质量发展行动计划[Z]. 2023. 10

[3] 中国人工智能产业发展联盟. 国家新一代人工智能标准体系建设指南（2020）.

[4] Stanford University. Artificial Intelligence Index Report 2021.

[5] Achiam J, Adler S, Agarwal S, et al. Gpt-4 technical report[J]. arXiv preprint arXiv:2303. 08774, 2023.

[6] 中国科学技术协会. 中国人工智能发展报告2020[R].

[7] 通信网络与大模型的融合与协同[EB/OL]. [2024-09-15]. https://www.zte.com.cn/content/zte-site/www-zte-com-cn/china/about/magazine/zte-communications/2024/cn202402/specialtopic/cn202402005.

[8] AI大模型：为VR产业装上"加速器"[EB/OL]. [2024-09-15]. https://epaper.cena.com.cn/pc/content/202311/03/content_8588.html.

[9] 周棪忠，罗俊仁，谷学强，等. 大语言模型视角下的智能规划方法综述[J]. 系统仿真学报，2014(5).

[10] 刘鑫，阳波，王鹏. 基于多维大数据分析的5G网络规划模型[J]. 湖南邮电职业技术学院学报，2023，22(3):14-17.

[11] 周源. 加快大模型产业创新和应用高地建设[J]. 北京观察，2024(4): 18-19.

[12] 傅云瑾，王浩亮，曲广龙，等. 人工智能大模型发展趋势及电信运营商应对策略[J]. 电信工程技术与标准化，2024，37(4): 82-87.

[13] 曹培杰，谢阳斌，武卉紫，等. 教育大模型的发展现状、创新架构及应用展望[J]. Modern Educational Technology, 2024, 34(2).